机器视觉检测与识别技术及应用

基于深度学习

张勤俭　编著

MACHINE VISION

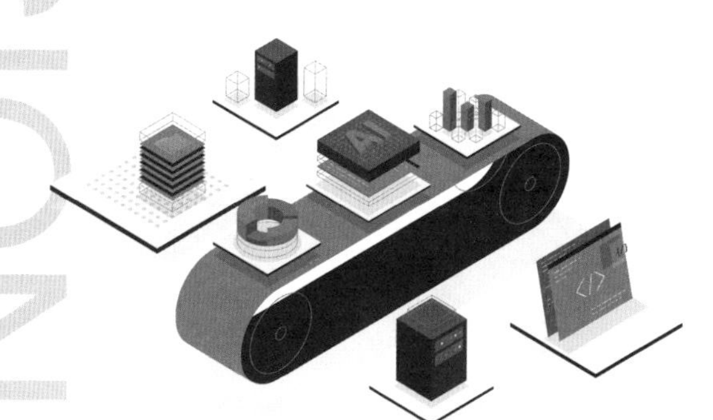

·北京·

内容简介

《机器视觉检测与识别技术及应用：基于深度学习》致力于深入剖析机器视觉检测与识别技术的内在机理、实用策略及其多元化应用，旨在为读者搭建起一个坚实而全面的理论知识与实践经验的桥梁。内容涉猎广泛，既涵盖图像处理、特征提取、目标检测，又深入探索图像分割、人脸识别、物体识别等，从基础概念到高级算法，全面又深入。在深度解读各个主题的同时，本书注重理论与实践的紧密结合，相关章节均配以典型的案例分析，展示这些技术在现实场景中的具体应用。

通过阅读本书，读者将深入理解机器视觉技术的运作原理，并学会如何将这些技术灵活运用于解决实际问题。此外，本书还特别关注机器视觉技术所带来的伦理、隐私和社会影响等深层次议题，确保技术的发展既有利于社会进步，又尊重和保护个体的权利与隐私，实现可持续发展。

本书适合从事计算机视觉、人工智能、图像处理以及相关领域研究和开发的专业人士阅读，也可作为高等院校计算机相关专业的教材，对机器视觉感兴趣的人群也可以阅读。

图书在版编目（CIP）数据

机器视觉检测与识别技术及应用：基于深度学习/张勤俭编著．—北京：化学工业出版社，2024.8

ISBN 978-7-122-45683-0

Ⅰ.①机… Ⅱ.①张… Ⅲ.①计算机视觉 Ⅳ.①TP302.7

中国国家版本馆CIP数据核字（2024）第098623号

责任编辑：雷桐辉
责任校对：边 涛　　装帧设计：王晓宇

出版发行：化学工业出版社
（北京市东城区青年湖南街13号 邮政编码100011）
印 装：河北京平诚乾印刷有限公司
880mm×1230mm 1/32 印张 $8^1/_2$ 字数210千字
2024年9月北京第1版第1次印刷

购书咨询：010-64518888　　售后服务：010-64518899
网 址：http://www.cip.com.cn
凡购买本书，如有缺损质量问题，本社销售中心负责调换。

定 价：79.80元

前言

当今世界正经历着数字化和智能化的巨大转变，而机器视觉检测与识别技术正是推动这一变革的关键力量之一。随着计算机处理能力的提升、深度学习算法的崛起以及大规模数据集可用性的增加，机器视觉技术在各个领域展现出了惊人的应用潜力。

本书旨在深入探讨机器视觉检测与识别技术的原理、方法和应用，为读者提供全面的理论基础和实践经验。本书覆盖了广泛的主题，从基础概念到高级算法，包括图像处理、特征提取、目标检测、图像分割、人脸识别、物体识别等方面。通过深入剖析每个主题，重在理论联系实际，在关键章节都有典型的案例分析与应用场景介绍。读者将能够理解这些技术的工作原理，并学会如何将它们应用于实际问题中。在阐述技术原理的同时，本书还关注了机器视觉技术的伦理、隐私和社会影响等重要议题。随着技术的不断发展，我们必须认真思考和应对与之相关的伦理挑战，确保这些技术的发展是有益于社会的、可持续的，并且充分尊重个体权利和隐私。

全书共分为11章。第1、2章简要介绍了机器视觉和深度学习的基本概念，包括什么是人工智能、什么是机器视觉，以及什么是深度学习；第3章主要讨论深度学习与机器视觉的关系，以及基于深度学习的机器视觉在不同领域的应用；为了便于读者理解后续内容，在第4、5章引入了图像分类与参数学习相关基础，以及简要介绍了Transformer神经网络的相关基础；第6章介绍基于深度学习的目标检测技术的理论、方法以及应用场景；第7、8章介绍目标识别技术的理论、方法以及应用场景。前八章的简要介绍，能让读者充分了解到机器视觉检测与识别技术在许多领域取得的显著的成果，如自动驾驶、医学影像分析、工业生产、安防监控等领域。第9、10、11章通过典型的案例研究和实际应用示例，向读者展示了这些技术在不同领域的成功应用，这些案例都具有工程应用项目研究的工业实际背景，并且很多都来自科研项目研究的实践，有利于激发读者对于未来创新的思考和探索。

本书适合从事计算机视觉、人工智能、图像处理以及相关领域研究和开发的专业人士阅读，同时也为院校学生和对机器视觉技术感兴趣的初学者提供了一本全面而深入的参考书。希望本书能够成为读者在探索机器视觉领域路上的得力向导，启发更多的创新思维，推动机器视觉技术在各个领域的不断创新与应用。

本书由北京信息科技大学张勤俭教授统筹编写，主要编写人员有：郭娜、李海源、吴雅林、魏建，其他参与编写的人员有：席镯宾、张向燕、晁明辉、郭家承、李星帅、杨浩、伍烯、杨凡帆、褚浩杰、王跃轩等，在此一并感谢。本书内容得到国家重点研发计划项目“基于动态补偿与弹性配准的自主缝合手眼协同导航技术研究”“面向服务和工业领域的实用多指灵巧手研制”、国家自然科学基金青年科学基金项目“面向异构医疗机器人的技能学习方法研究”等项目的支持。

限于笔者水平，书中难免有疏漏之处，敬请读者指正。

扫码获取书中网址链接

编著者

目录

第 **11** 章

生菜识别及性状分析

第1章

机器视觉概述

MACHINE VISION

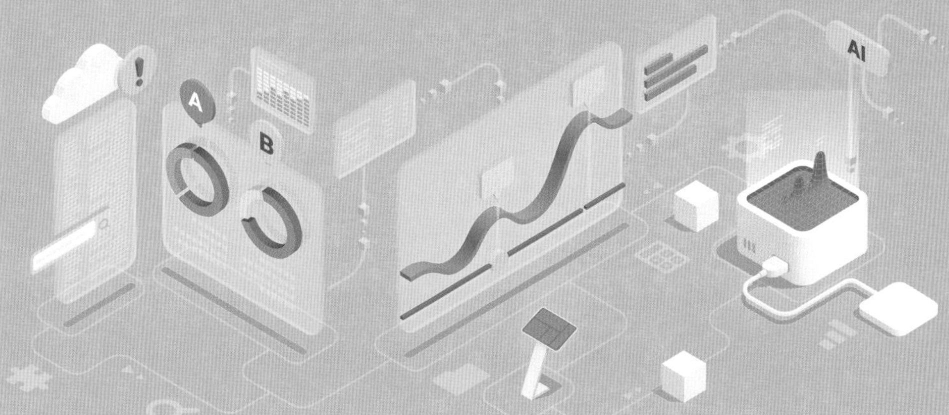

1.1 机器视觉的基本概念

提到机器视觉，人们通常会不由自主地会想到机器学习以及人工智能。那么，什么是人工智能和机器学习？什么又是机器视觉呢？

人工智能（artificial intelligence，AI）这一概念的出现最早可以追溯到20世纪50年代。随着Marvin Minsky和John McCarthy于1956年共同主持的达特茅斯会议（Dartmouth summer research project on artificial intelligence，DSRPAI）的举办，“人工智能”这一概念被正式定义。

机器学习有下面几种定义：

① 机器学习是一门人工智慧的科学，该领域的主要研究对象是人工智慧，特别是如何在经验学习中改善具体算法的性能。

② 机器学习是对能通过经验自动改进的电脑算法的研究。

③ 机器学习是用数据或以往的经验优化电脑程序的性能标准。

机器学习，顾名思义就是设计和分析可以让计算机“自动”学习的方法，这么说可能会有点抽象，通过几个日常的例子来让大家更好地理解什么是机器学习。

假设有一个人叫小明，他喜欢做手工艺品，有一天，他想要学习如何制作手工艺品的颜色，于是他去问他的朋友，“怎样才能制作出好看的颜色呢？”他的朋友回答说：“你可以先尝试一些简单的颜色组合，然后根据效果不断改进。”小明按照朋友的建议开始了他的实验，他不断尝试着不同的颜色组合，并评估每种组合的效果，最后他发现了一些能够制作出很好看的颜色的方法。这是一个简单的机器学习的例子：小明通过不断尝试和评估不同的颜色组合来学习如何制作出好看的颜色，而他的机器学习模型就是他学到的颜色制作方法。

假设你是一名邮递员，每天需要送很多邮件，每送一封邮件，你都需要从你的邮件列表中找到这封邮件的地址，然后输入到GPS导航系统中，最后到达邮件的目的地。你可以想象一下，如果每天都需要重复这样的步骤，你的工作效率是非常低的。现在，假设你的GPS导航系统使用了机器学习技术，当你第一次送邮件时，你需要手动输入地址到GPS导航系统中，但是，在接下来的几天中，GPS导航系统会记录每天送邮件的地址，并学习这些地址的模式。这样，在接下来的送邮件过程中，GPS导航系统就不需要你手动输入地址了，它可以根据模式自动为你选择下一个需要送邮件的地址。这也是机器学习的一个例子：通过不断的学习和记录，机器学会了如何解决问题，而不需要人为干预。

电脑科学家Tom M. Mitchell在其著作的*Machine Learning*一书中定义的机器学习为："A computer program is said to learn from experience E with respect to some class of tasks T and performance measure P, if its performance at tasks in T, as measured by P, improves with experience E. "这句话的意思是，如果一个计算机程序在某些任务T中的表现，根据某种性能评估标准P，随着经验E的增加而改善，那么我们就可以说这个程序在针对这些任务T从经验E中学习到了东西，这就是机器学习。或许这么说会感觉很复杂，那么也可以理解为，当我们说一个计算机程序可以通过经验来学习，指的是这个程序在执行某些任务时，会根据它所得到的经验逐渐提高在这些任务上的表现水平，这个提高是根据事先设定好的性能评估标准来衡量的。这就是机器学习的基本思想。

机器学习是人工智能的一个重要分支，旨在通过让计算机从数据中学习，以实现自动化的决策和预测。近年来，机器学习在各个领域中得到广泛的应用，例如自然语言处理、语音识别、推荐系统等。但是，对于许多需要处理视觉信息的任务来说，传统的机器学习方法并不足够。例如，在人脸识别、目标跟踪、自动驾驶等领域中，传统的机器学习方法往往难以处理复杂的图像信息，且需要手动提取特征和设计算法。

为了解决这些问题，机器视觉应运而生。机器视觉是指让机器“看”和“理解”图像或视频的能力。“机器视觉”这个术语最早出现在20世纪60年代，由美国工程师和科学家Larry Roberts首次提出，指的是使用计算机和数字图像处理技术来模拟人类的视觉系统。他认为，通过模拟人类的视觉系统，计算机可以更好地理解和处理图像信息，并实现许多实际的应用，例如自动检测、自动导航等。

随着计算机和数字图像处理技术的不断发展，机器视觉逐渐成为一个独立的学科领域，并得到了广泛的应用。机器视觉是一种利用计算机和数字图像处理技术，对图像或视频进行自动分析和理解的技术，例如人脸识别、目标跟踪、自动驾驶等。机器视觉利用了机器学习中的一些算法和技术，例如深度学习、卷积神经网络等，从而在处理视觉信息方面取得了巨大的进展。对于许多需要处理视觉信息的任务来说，机器视觉已经成为了解决方案，并且在未来也将继续发挥重要的作用。

同样，举一个例子会让你更好地理解机器视觉。当你使用智能手机拍照时，可能注意到相机应用程序会自动对焦并调整曝光，以使图像更加清晰，亮度更加均衡，这就是机器视觉的一个应用。具体来说，当你打开相机应用并将其对准一个物体时，相机会捕捉到该物体的图像并将其转换为数字信号，这些数字信号会被送入一个机器视觉算法，该算法会自动分析图像中的不同特征，例如颜色、纹理、形状等。然后，算法会根据这些特征自动调整相机的设置，例如对焦、曝光时间、白平衡等。

在这个例子中，机器视觉的作用就是让相机能够像人一样看懂和解读图像，从而自动调整相机的设置以获得更好的照片效果。通过利用电脑来实现人的视觉功能，也就是用电脑来实现对客观三维世界的识别。按现在的理解，人类视觉系统的感受部分是视网膜，它是一个三维采样系统，三维物体的可见部分投影到视网膜上，人们按照投影到视网膜上的二维的像来对该物体进行三维理解。所谓三维理解是指对被观察对象的形状、尺寸、离开观察点的距离、质地和运动特征（方向和速度）等的理解。

当然，相机应用中使用的机器视觉算法可能远比这个例子更加复杂和先进，但基本的思想是一致的：通过模拟人类的视觉系统，机器视觉可以让计算机像人一样理解和处理图像信息，从而实现许多实际的应用。

由此可见机器视觉的目标是使计算机能够像人类一样识别、理解和处理图像。在机器视觉中，图像通常被转换为数字形式，并使用各种算法进行分析和处理。这些算法可以实现图像特征提取、对象识别、图像分类和图像语义理解等功能。

机器视觉在很多领域都有广泛的应用，如工业自动化、机器人技术、医学图像处理、安全监控等。随着技术的不断发展，机器视觉在不同领域的应用也将不断拓展。

1.2 机器视觉的发展历程

机器视觉的发展历程可以追溯到20世纪50年代，经历了以下几个阶段。

（1）早期阶段（1950—1970年代）

1959年，神经生理学家David Hubel和Torstein Wiesel通过猫的视觉实验，首次发现了视觉初级皮层神经元对于移动边缘刺激敏感，发现了视功能柱结构，为视觉神经研究奠定了基础，促成了计算机视觉技术40年后的突破性发展，奠定了深度学习之后的核心准则。同年，Russell和他的同学研制了一台可以把图片转化为被二进制机器所理解的灰度值的仪器——第一台数字图像扫描仪，处理数字图像开始成为可能。

这一时期，研究的主要对象是光学字符识别、工件表面、显微图片和航空图片等。

1965年，Lawrence Roberts《三维固体的机器感知》描述了从二维图片中推导三维信息的过程。1966年，MITAI实验室的Seymour Papert教授决定启动夏季视觉项目，并在几个月内解决机器视觉问题。Seymour和Gerald Sussman协调学生设计一个可以自动执行背景/前景分割，并从真实世界的图像中提取非重叠物体的平台，虽然未成功，但是计算机视觉作为一个科学领域正式诞生。

1969年秋天，贝尔实验室的两位科学家Willard S. Boyle和George E. Smith正忙于电荷耦合器件（CCD）的研发，它是一种将光子转化为电脉冲的器件，很快成为了高质量数字图像采集任务的新宠，逐渐应用于工业相机传感器，标志着计算机视觉走上应用舞台，投入到工业机器视觉中。这一年，第一片CCD图像传感器诞生，为机器视觉行业开启了数码图像采集的大门，自此人类社会进步的各个领域都与图像和视觉结下了不解之缘。在半导体行业诞生与发展的同时，机器视觉领域的发展也已拉开帷幕。

在20世纪50年代和60年代，机器视觉的研究主要集中在对数字图像进行处理，例如边缘检测、图像增强、形态学分析等，这些算法通常是基于像素级别的处理，因此对于复杂的视觉问题来说效果有限。但是，这个时期的一些研究奠定了机器视觉的基础，例如提出了边缘检测算法和形态学分析方法等。

（2）中期阶段（1970—2000年代）

20世纪70年代中期，麻省理工学院（MIT）人工智能实验室CSAIL正式开设计算机视觉课程。1977年，David Marr在MIT的人工智能实验室提出了计算机视觉理论（computational vision），这是与Lawrence Roberts当初引领的积木世界分析方法截然不同的理论。计算机视觉理论成为20世纪80年代计算机视觉的重要理论框架，使计算机视觉有了明确的体系，促进了计算机视觉的发展。20世纪80年代以后，计算机视觉获得了蓬勃发展，新概念、新方法、新理论不断涌现，最具代表性的是出现了主动视觉学派、目的视觉学派等。

· 主动视觉强调两点：一是认为视觉系统应具有主动感知的能力；二是认为视觉系统应基于一定的任务或目的，须将视觉系统与具体目的（如导航、识别、操作等）相联系，从而形成感知/作用环。

· 目的视觉认为视觉都有目的，目的就是行为。针对具体的对象和应用场合，目的视觉已经广泛应用于工农业及其他各行各业。通用视觉的研究应借鉴于目的视觉中的主动感知、反馈控制等成果，目的视觉的研究为通用视觉的研究寻求新的生长点。

（3）现代阶段（2000年代至今）

自21世纪以来，随着深度学习和神经网络技术的发展，机器视觉进入了一个新的阶段。深度学习技术可以让机器视觉系统更好地理解和处理图像信息，例如对象检测、图像分类、语义分割等。此外，计算机视觉和机器学习的交叉发展，也使得机器视觉能够更好地处理实际问题，例如自动驾驶、智能安防等。

总的来说，机器视觉的发展历程经历了从基于像素级别的图像处理到基于计算机视觉算法的图像分析，再到利用深度学习和神经网络技术进行图像理解和分析的现代阶段。在不断的技术进步和应用拓展中，机器视觉已经成为人工智能和计算机视觉领域中的一个重要组成部分，具有广泛的应用前景。

1.3 机器视觉的发展趋势

机器视觉的发展历史中有几个重要的转折点，这些转折点推动了机器视觉技术的不断进步和发展。

首先是传统机器视觉与深度学习的转折点，传统机器视觉主要采用手工设计特征的方式进行图像处理和识别，这种方式的效果受到特征选择的影响，因此需要专家经验和人工干预。直到近年来，深度学习算法的出现，使得机器视觉系统可以自动学习特征和规律，从而取得了大幅度的提升。深度学习算法的引入推动了机器视觉技术的快速发展。

其次是从2D图像到3D视觉的转折点，传统的机器视觉技术主要针对2D图像进行分析和识别，对于3D视觉的处理能力相对较弱。随着3D扫描技术、深度摄像头等技术的不断发展，机器视觉系统可以获取到更多的3D视觉信息，从而实现对3D场景的识别和分析。为机器视觉应用提供了更多的可能性。

再次是从单目视觉到多目视觉的转折点，单目视觉指的是一台相机只能看到一个方向，而多目视觉可以同时获取多个方向的图像信息，提高了图像分析和识别的精度。随着硬件技术的不断提升，多目视觉系统已经可以实现在小型机器人和移动设备中的应用。这也是机器视觉未来发展的方向。

最后是从固定视觉到移动视觉的转折点，传统的机器视觉系统通常是固定的，不能随意移动。随着移动设备和机器人的不断发展，移动视觉系统的需求越来越大。移动视觉系统可以自主选择不同位置的视角，从而更好地感知环境和执行任务。

尽管自1960年代以来计算机视觉取得了显著进展，但在研发领域仍有许多未开发的潜力，这主要是因为人类视觉非常复杂，而计算机视觉系统相对较弱。我们可以几秒识别出朋友的面孔，而计算机需要投入大量工作来完成类似的任务。此外，计算机视觉工程师面临的另一个挑战是将开源计算机视觉工具可持续集成到应用中，特别是计算机视觉解决方案不断依赖于软件和硬件的发展，因此将新技术集成到现有系统中仍然是一项具有挑战性的任务，而未来机器视觉领域发展最有希望的一些趋势如下：

① 深度学习。深度学习技术在机器视觉领域取得了重大进展，并成为当前最常用的方法之一。未来，随着深度学习算法的不断改进，机器视觉技术的精度和效率将进一步提高。

② 边缘计算。“边缘是新的云”这句话形象地描述了边缘计算是近年来的新兴技术。边缘计算是指那些贴近数据源的技术，它的架构允许数据的处理和分析在采集数据的地方或者更接近的地方进行，而不是通过云或数据中心进行。在计算机视觉项目中，越来越多的应用采用了边缘计算的架构，因为它解决了网络可访问性、带宽和延迟等问题。鉴于隐私、健壮性和性能等原因，以致云计算架构也需要经常部署在边缘设备上，特别是需要实时数据处理的项目，如自动驾驶汽车、无人机等，更是受到边缘计算技术的欢迎。

③ 多模态机器学习。多模态机器学习技术将结合多种数据类型，例如图像、文本和语音，从而提高机器视觉技术的表现力和泛化能力。这对于许多实际应用非常有用，例如智能客服和自然语言处理。

④ 军事领域。随着科技的发展，机器视觉技术已经在军事领域得到了广泛应用，在火炮的辅助瞄准、可疑人员识别、自动化无人装备的环境监测等领域表现出了良好的应用效果。该技术能够不断提升武器装备的作战能力与智能化水平，同时减少人员投入、提高作战效率。在未来，机器视觉技术将进一步向着具有耐高温、抗严寒、耐腐蚀的视觉传感器硬件系统发展，在杂乱、动态及光线不足环境下实现视觉图像高实时性的精准获取，并朝着在复杂环境下多传感器信息高效融合与精准决策的方向发展，在提升军队战斗力、维护国家安全方面起到越来越重要的作用。

⑤ 3D视觉、增强现实。3D视觉技术将能够捕捉场景的深度信息，从而更准确地进行分析和理解，这对于许多应用领域（例如自动驾驶、工业自动化和医疗保健）都非常有用。增强现实技术结合了虚拟和现实世界，能够为用户提供更丰富的体验和更直观的操作方式。这种技术的应用前景非常广泛，例如在游戏、教育和工业领域等。

随着机器视觉技术应用得越来越广，且技术更加成熟和完善，不仅包括工业领域、军事领域，还包括下游应用领域，例如游戏娱乐等行业都有了广泛应用。该项技术的主要特点是信息量大、速度快、功能多，随着机器视觉技术自身的成熟和发展，一方面，机器视觉技术将逐渐被大众接受，配备机器视觉系统的设备价格将会越来越低，而功能会越来越强大，并且允许具有更多数据的更大图像以更快的速度进行传输和处理；另一方面，机器视觉设备将会向产品小型化方向发展，让这种设备能在更小的空间内安装更多的部件。可以预见，机器视觉将在未来应用到人类社会发展的方方面面。

1.4 机器视觉的应用领域

当人们开始尝试利用计算机来实现视觉感知的时候，机器视觉的应用领域也逐渐扩大。随着机器学习和计算机视觉技术的快速发展，机器视觉正在成为许多行业和应用领域的核心技术之一。从制造业到医疗保健，从安防监控到智能交通，机器视觉的应用正日益普及，并在各个领域发挥着越来越重要的作用。

（1）制造业

机器视觉在制造业中的应用非常广泛，如自动化装配、零部件检测（图1.1）等。机器视觉即利用机器代替人眼来做出各种测量和判断，在一些不适于人工作业的危险工作环境或者人类视觉难以满足要求的场合，常用机器视觉来替代人类视觉。同时，在大批量重复性工业生产过程中，用机器视觉检测方法可以大大提高生产效率和自动化程度。机器视觉通过对图像数据的分析，可以快速、准确地判断零部件的质量，避免了人工检测带来的不确定性。其原理是，通过计算机对拍摄的图像进行处理，提取特征信息，如颜色、形状、纹理等，进而进行分类和识别。

（2）医疗行业

近几年来，智慧医疗、医工结合等词很热门，这是因为机器视觉、深度学习的理论逐渐融入到医疗行业，如医学图像处理、疾病诊断（图

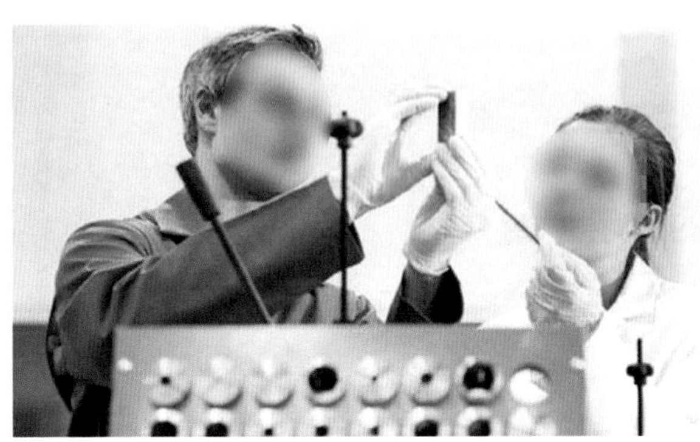

图1.1 零部件检测

1.2）等。在医学影像领域，机器视觉可以用于CT、MRI等医学影像的分析和诊断。机器视觉可以对医学影像进行特征提取和分析，识别出患者体内的病灶，进而帮助医生进行诊断。其原理是，机器视觉通过对医学影像进行预处理和特征提取，将医学影像转化为数字信号，然后利用机器学习算法对数据进行分析和分类，最终输出诊断结果。

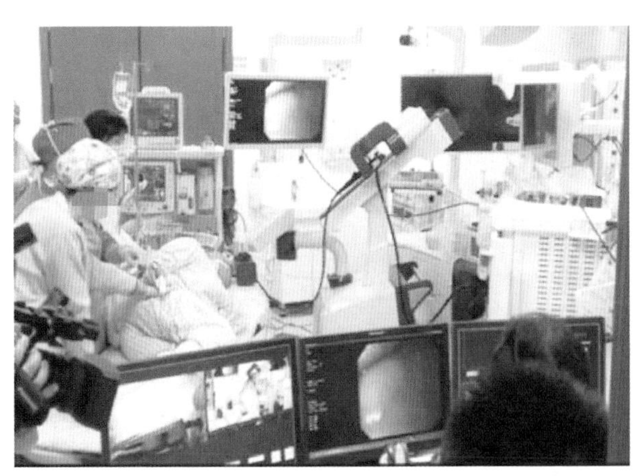

图1.2 医学影像疾病诊断

（3）安防监控、人脸识别（图1.3）

我们时常能从电影中看到类似“特工利用‘天眼’卫星在全球范围内找到一个人”这样的片段，其实这就是利用了机器视觉。在视频监控领域，机器视觉可以通过视频图像进行目标检测和跟踪，如识别行人、车辆等目标，检测异常事件，如火灾、交通事故等。其原理是，机器视觉对视频图像进行预处理和特征提取，如颜色、形状、纹理等，然后利用机器学习算法对图像进行分类和识别。

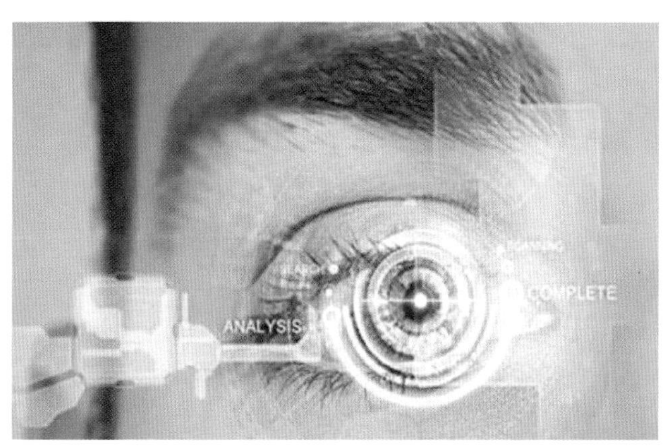

图1.3　人脸识别

（4）自动驾驶（图1.4）

机器视觉也是无人驾驶领域中的重要技术之一。通过机器视觉系统，无人驾驶汽车可以实时感知周围环境，包括道路状况、其他车辆和行人等，从而更加安全地行驶。

在本章中，利用简短的篇幅介绍了什么是机器视觉，以及机器视觉的发展历程、应用领域，希望读者能对机器视觉有一个初步的认识，在

图1.4 自动驾驶

后续章节中会依次讲解深度学习和机器视觉在目标检测和目标识别方面如何应用，最后会有案例分析，帮助读者更好地理解机器视觉。

本章参考文献

[1] 高娟娟，渠中豪，宋亚青. 机器视觉技术研究和应用现状及发展趋势[J]. 中国传媒科技，2020(07): 21-22.

[2] 黄少罗，张建新，卜昭锋. 机器视觉技术军事应用文献综述[J]. 兵工自动化，2019, 38(02): 16-21.

[3] 刘增文. 浅谈汽车自动驾驶技术的原理及应用[J]. 中国设备工程，2022(12): 209-211.

[4] 朱云，凌志刚，张雨强. 机器视觉技术研究进展及展望[J]. 图学学报，2020, 41(06): 871-890.

[5] 朱虹. 机器视觉及其应用（系列讲座）第三讲图像处理与分析——机器视觉的核心[J]. 应用光学，2007(01): 123-126.

[6] 尹仕斌，任永杰，刘涛，等. 机器视觉技术在现代汽车制造中的应用综述[J]. 光学学报，2018, 38(08): 11-22.

[7] 赵玉超，黄朝阳. 智慧学习系统中的人工智能与边缘计算[J]. 软件，2022, 43(11): 33-35.

[8] 合肥米克光电技术有限公司. 一种基于5G和边缘计算的分布式机器视觉系统. CN202111032544.2[P]. 2021-10-29.

[9] 祝佳怡. 机器学习和深度学习的并行训练方法[J]. 现代计算机，2022, 28(14): 42-48.

[10] Zhang T,Shi S S,Xiao J.Application Research on Robot Intelligent Manufacturing Practice Based on Machine Vision[J]. 外文科技期刊数据库（文摘版）工程技术，2022(5): 9-12.

[11] Haenlein M, Kaplan A. A Brief History of Artificial Intelligence: On the Past, Present, and Future of Artificial Intelligence[J]. California Management Review, 2019, 61(4): 5-14.

[12] Kline R R. Cybernetics, Automata Studies, and the Dartmouth Conference on Artificial Intelligence[J]. Annals of the History of Computing, IEEE, 2011, 33(4): 5-16.

[13] Tian Z, Shen C, Chen H, et al. FCOS: Fully Convolutional One-Stage Object Detection[C]// 2019 IEEE/CVF International Conference on Computer Vision (ICCV). IEEE, 2020.

第2章 深度学习基础知识

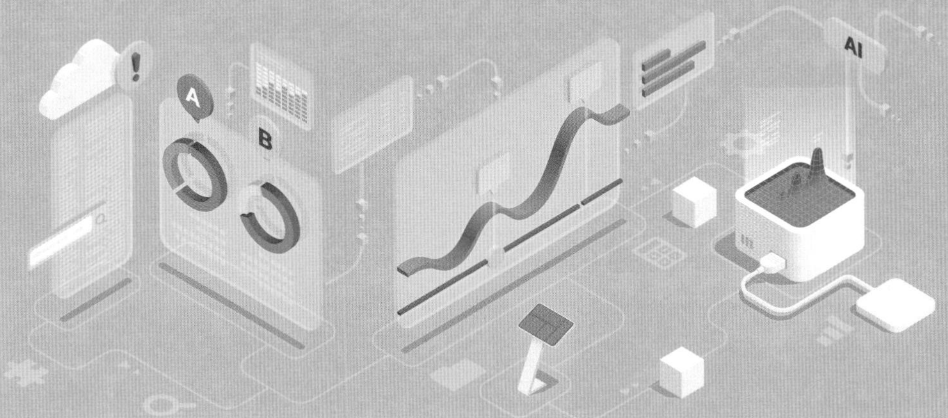

2.1 基本概念与理论

说到深度学习，又不得不提回第1章介绍过的机器学习。深度学习是机器学习的一个分支，它使用一种特定的神经网络结构（即深度神经网络）来学习数据的表示，以便用于分类、回归、聚类等任务。因此，深度学习可以看作学习和提取一些特征进行机器学习的能力。

可以说，深度学习是机器学习的一种特殊形式，它可以在大规模复杂的数据集上实现出色的性能。与传统机器学习方法相比，深度学习具有更高的灵活性和更强的表征能力，它可以自动地学习到数据的特征，并且不需要人工特征工程。这使得深度学习成为许多应用领域中最具影响力的技术之一，例如计算机视觉、自然语言处理、语音识别等。

同样的，让我们用一个例子来更好地解释什么是深度学习：假设你想要训练一个模型来区分猫和狗的图片，传统的机器学习方法需要人工提取图像的特征，如颜色、纹理等，然后使用这些特征训练分类器，这种方法需要做大量的人工工作，并且对于复杂的数据集效果不佳。而在深度学习中，我们可以使用卷积神经网络来自动学习图像中的特征。卷积神经网络是一种深度学习模型，它通过多个卷积层和池化层来提取图像中的特征，然后使用全连接层将这些特征映射到输出空间，从而实现分类。

在训练过程中，将大量的猫和狗的图片输入卷积神经网络中，网络会自动学习图像的特征，如猫的胡须、狗的耳朵等。然后，使用梯度下降算法来更新网络的权重和偏置，以最小化分类误差。

通过深度学习，可以让机器自动学习数据的特征，并生成准确的预测结果，而无须进行人工特征提取。这使得深度学习在解决大规模复杂的数据问题方面具有很大的优势。

接下来介绍深度学习的结构。

深度学习的结构通常由多个层组成，每一层都包含许多神经元或处理单元，这些神经元或处理单元执行一些特定的计算，以便将输入数据转换为输出数据。每一层的输出都作为下一层的输入，构建了一个由许多层组成的模型。

深度学习主要有三个基本层：输入层、隐藏层和输出层。如图 2.1 所示，输入层接收原始数据，并将其传递到下一个隐藏层，隐藏层对数据进行处理并提取特征，最后由输出层将特征映射到输出空间中，并产生最终的输出。

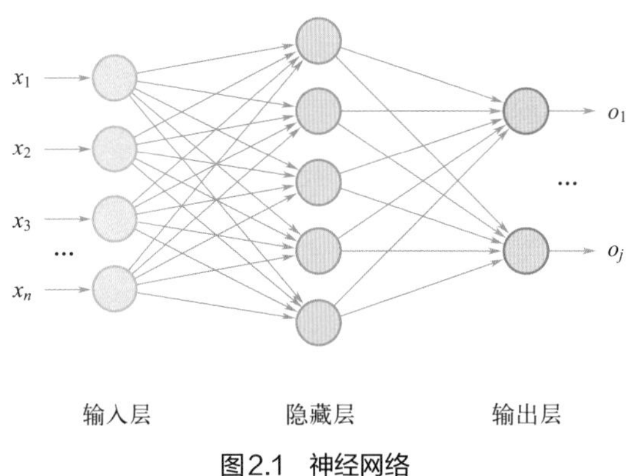

图2.1　神经网络

深度学习中常见的一种深度结构是卷积神经网络（convolutional neural networks，CNN），它由卷积层、池化层和全连接层组成。如图 2.2 所示，卷积层利用卷积运算从图像中提取特征；池化层则用于对特征进行下采样，以减少模型的参数数量，并提高模型的泛化能力；全连接层用于将特征映射到输出空间中，并产生最终的输出。另一种常见的深度结构是循环神经网络（recurrent neural networks，RNN），它包含一个循环连接，使得模型能够在处理序列数据时保持状态信息。RNN可以用于处理各种类型的序列数据，例如文本、音频、时间序列等。

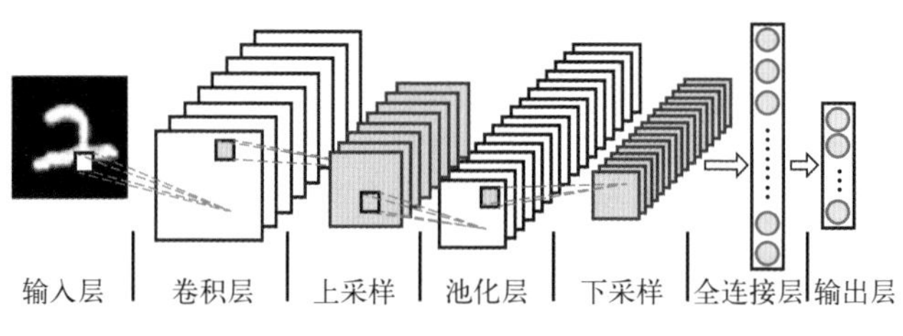

图2.2　卷积神经网络

总之，深度学习的结构是由多个层组成的神经网络，可以是卷积神经网络、循环神经网络或其他类型的神经网络。这些层通过一些特定的计算来将输入数据转换为输出数据，并利用深度学习结构的优势来提取高级特征，实现更加复杂的学习任务。

以下是一些深度学习中比较重要的基础理论。

（1）反向传播算法

反向传播算法BP（back propagation process）是深度学习中最重要的算法之一，它基于链式法则来计算模型的误差梯度，从而实现模型参数的更新。反向传播算法可以有效地训练神经网络，并且在各种任务中都表现出很好的性能。当训练神经网络时，需要对每个输入样本进行前向传播，计算输出并计算损失函数。反向传播算法是用于更新神经网络中各层权重和偏置的一种方法。

（2）梯度下降

梯度下降是一种优化算法，用于在深度学习模型中更新模型参数。梯度下降通过计算损失函数关于模型参数的梯度来更新模型参数。模型参数向梯度的反方向移动，以最小化损失函数。例如，在神经网络中，可以使用梯度下降来更新权重和偏置，通过计算损失函数关于权重和偏置的偏导数来计算权重和偏置的梯度。然后，使用梯度下降算法将权重和偏置向梯度的反方向移动，以最小化损失函数。

（3）卷积神经网络

卷积神经网络是一种常用的深度学习模型，特别适用于处理图像和视频数据。它的主要思想是通过使用卷积层和池化层来提取图像中的特征，这些特征在后续层中被用于分类、检测或分割等任务。卷积神经网络的设计灵感来源于人类视觉系统的结构和功能，因此在图像识别任务中表现出了出色的性能。

（4）循环神经网络

循环神经网络是一种能够处理序列数据的深度学习模型。它的设计思想是将前一个时间步的输出作为当前时间步的输入，并且在网络中添加循环连接以保留状态信息。这个模型在自然语言处理、语音识别、音乐生成等任务中表现出了很好的效果。

（5）强化学习

强化学习RL（reinforcement learning）是一种机器学习方法，其目标是通过试错学习来让一个智能体在不断的环境交互中获得最大的奖励。深度强化学习是强化学习和深度学习的结合，它通过使用深度神经网络来实现对环境状态的表示和决策的学习。深度强化学习已经在游戏、机器人控制、自动驾驶等领域中取得了显著的成果。

2.2 基本思想

当处理复杂任务时，传统的机器学习方法往往需要手动提取特征或设计算法来解决问题。但是，随着深度学习技术的发展，我们可以使用多层神经网络来自动地学习数据中的特征，从而提高处理复杂任务的能力。

假设有系统S，它有n层（S_1，…，S_n），输入为I，输出为O，可形象地表示为：I=>S_1=>S_2=>…=>S_n=>O。为了使输出O尽可能地接近输入I，可以调整系统中的参数，这样就可以得到输入I的一系列层次特征S_1，S_2，…，S_n。对于堆叠的多个层，其中一层的输出作为其下一层的输入，以实现对输入数据的分级表达。不难理解，有一个由多层构成的系统S，通过调整系统中的参数，使得系统的输出与输入一致或者尽可能接近，就可以自动地获取输入数据的一系列层次特征。深度学习通过堆叠多个层，将每一层的输出作为下一层的输入，从而实现对输入信息进行分级表达，这就是深度学习的基本思想。

2.3 深度学习常用的方法

深度学习是一种机器学习方法，通过多个处理层对数据进行抽象表示，从而实现复杂模式识别和预测的能力。在深度学习中，常用的方法包括神经网络、递归神经网络和深度信念网络等。以下将介绍这些常用方法的基本原理和应用场景。

（1）神经网络

神经网络是深度学习的基础，它是由神经元组成的多层网络。每一层的神经元接收上一层的输出作为输入，通过一系列线性变换和非线性激活函数将输入信号转化为输出信号。神经网络的训练过程通过反向传播算法实现，即根据网络输出和标签之间的误差来调整网络参数，使得误差最小化。神经网络广泛应用于图像分类、语音识别、自然语言处理等领域。

（2）递归神经网络

递归神经网络是一种能够处理序列数据的神经网络，它通过将当前时刻的输入和上一时刻的状态作为输入，输出当前时刻的状态和预测结果。递归神经网络的训练过程也是通过反向传播算法实现的。递归神经网络广泛应用于语言模型、机器翻译和语音识别等领域。

（3）深度信念网络

深度信念网络是一种生成模型，它由多个受限玻尔兹曼机组成。它的训练过程通过贪心逐层训练和微调算法实现，每一层的输出作为下一层的输入。深度信念网络的应用包括生成模型、降噪和去除模糊等领域。

除了以上介绍的方法，还有很多其他的深度学习方法，例如生成对抗网络等，这些方法在不同的领域都有广泛的应用，如图像生成、智能游戏领域。

此外，循环神经网络（recurrent neural networks, RNNs）也是一种常用的方法。RNNs通过对序列数据进行处理，可以学习序列中的时间信息和上下文关系，并在自然语言处理和语音识别等任务中取得了很好的效果。RNNs中的LSTM（long short-term memory）和GRU（gated recurrent unit）等网络结构，可以有效地解决长序列训练过程中的梯度消失和梯度爆炸问题。

还有一些其他的常用深度学习方法，如自编码器（autoencoders）、生成对抗网络（generative adversarial networks, GANs）、强化学习（reinforcement learning）等。自编码器可以用于特征提取和数据压缩等任务，GANs可以生成逼真的图像和音频等数据，强化学习则可以用于制定智能决策和策略。

在实际应用中，常用的深度学习框架包括TensorFlow、PyTorch、Keras、Caffe等。这些框架提供了丰富的工具和API，可以帮助开发者快速构建深度学习模型，并进行训练和推理。同时，这些框架还支持在不同平台上进行部署，如CPU、GPU、TPU等，为深度学习的应用和推广提供了便利。深度学习是一种非常强大的技术，它已经广泛应用于图像处理、语音识别、自然语言处理、智能决策等领域。

本章参考文献

[1] 宁健，马淼，柴立臣，等.深度学习的目标检测算法综述[J].信息记录材料，2022, 23(10): 1-4.

[2] 吕璐，程虎，朱鸿泰，等.基于深度学习的目标检测研究与应用综述[J].电子与封装，2022, 22(01): 72-80.

[3] 杨锋，丁之桐，邢蒙蒙，等.深度学习的目标检测算法改进综述[J/OL].计算机工程与应用：1-17[2023-05-13].

[4] 许德刚，王露，李凡.深度学习的典型目标检测算法研究综述[J].计算机工程与应用，2021, 57(08): 10-25.

[5] 罗会兰，陈鸿坤.基于深度学习的目标检测研究综述[J].电子学报，2020, 48(06):

1230-1239.
[6] Ren S, He K, Girshick R, et al. Faster R-CNN: Towards Real-Time Object Detection with Region Proposal Networks[J]. IEEE Transactions on Pattern Analysis & Machine Intelligence, 2017, 39(6): 1137-1149.
[7] 李雷孝，孟闯，林浩，等.基于图像增强与深度学习的安全带目标检测[J].计算机工程与设计，2023, 44(02): 417-424.
[8] 包晓敏，王思琪.基于深度学习的目标检测算法综述[J].传感器与微系统，2022, 41(04): 5-9.
[9] 王树贤，翟远盛.基于深度学习的目标检测算法综述[J].信息与电脑(理论版), 2022, 34(06): 67-69.

第3章

深度学习与机器视觉

MACHINE VISION

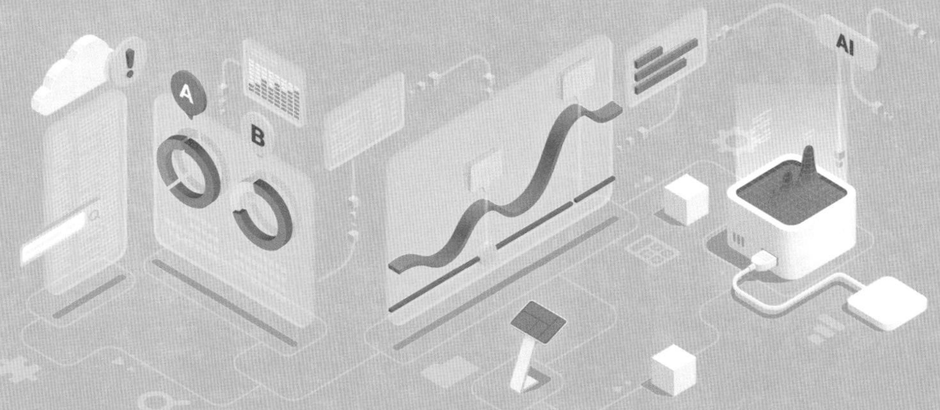

在第1章与第2章中我们主要学习了机器视觉与深度学习的相关背景知识，本章主要讨论深度学习与机器视觉的关系。

3.1 深度学习应用于机器视觉

机器视觉往往有严格的限制和规格，即使同一张图片或者场景，一旦光线甚至于观察角度发生变化，计算机的判别都会随之变化。对于计算机来说，识别两个独立的物体容易，但是在不同的场景下识别同一个物体则困难得很。因此，机器视觉的核心在于如何忽略同一个物体内部的差异而强化不同物体之间的分别，即同一个物体相似，而不同的物体之间有很大的差别。

长期以来，对于解决计算机视觉识别问题，研究者们投入了大量的精力，贡献了很多不同的算法和解决方案。经过不懈的努力和无数次尝试，最终计算机视觉研究人员发现，使用深度学习用以解决机器视觉问题是最好的办法。“带有卷积结构的深度神经网络（CNN）”被大量应用于机器视觉之中，这是一种仿照生物视觉的逐层分解算法，分配不同的层级对图像进行处理。例如，第一层检测物体的边缘、角点、尖锐或不平滑的区域，这一层几乎不包含语义信息；第二层基于第一层检测的结果进行组合，检测不同物体的位置、纹路、形状等，并将这些组合传递给下一层。以此类推，使得计算机和生物一样拥有视觉能力、辨识能力和精度。

深度学习算法的通用性很强，在传统算法里面，针对不同的物体需要定制不同的算法。相比来看，基于深度学习的算法更加通用，比如在传统CNN基础上发展起来的faster RCNN，在人脸、行人、一般物体检测任务上都可以取得非常好的效果。深度学习获得的特征（feature）有很强的迁移能力。所谓特征迁移能力，指的是在A任务上学习到一些特征，在B任务上使用时也可以获得非常好的效果。例如在ImageNet（物体为主）上学习到的特征，在场景分类任务上也能取得非常好的效果，工程开发、优化、维护成本低。深度学习计算主要是卷积和矩阵乘法，针对这种计算优化，所有深度学习算法都可以提升其性能。

深度学习成了现今大部分机器视觉领域的标配，机器视觉上的成功又促进了深度学习。在深度学习出现后，基于深度学习的视觉应用迅速覆盖了人们生活的方方面面。当你走在街上看到一件好看的衣服，立刻拿出手机用淘宝或者京东的拍照购物功能，就能找到同款或者类似的款式。当你打开手机，只需要刷一下指纹或者对着摄像头笑一笑，就能进入系统，既方便又安全。去银行办理储蓄业务，费时又费力，如今银行工作人员带着平板电脑和便携设备，只需要按照办理系统的提示对着摄像头就能搞定。犯罪分子作案后潜逃，刑警们不需要熬夜看周边的监控视频，智能搜查系统就能搞定。还有现在各大科技公司和汽车企业都在大力发展的无人驾驶，背后的技术都少不了基于深度学习的机器视觉。

任何事物都有两面性，基于深度学习的机器视觉取得了长足进步，但仍存在着一些突出的问题与弊端:

① 深度学习要求的硬件门槛较高，在软件安装与配置方面的门槛也较高。

② 深度学习对于数据的要求较高，需要有海量的有标注的数据作为支撑。

3.2 深度学习应用于机器视觉的例子

3.2.1 基于深度学习的机器视觉在谷歌中的应用

2012年，谷歌发起了一个项目，当时是由著名的深度学习专家吴恩达领导的。该项目让一个神经网络使用16000个CPU服务器对1000万个YouTube视频进行训练，算法自己学会了识别猫脸。谷歌在2014年设计了GoogLeNet，在ILSVRC中将分类错误率降低至6.66%。谷歌早期的深度学习基础平台是建立在大规模CPU集群的DistBelief（由16000个CPU计算节点构成）上，之后使用的深度学习平台是建立在超过8000个GPU组成的集群TensorFlow上的。

2016年6~7月，谷歌旗下的DeepMind公司宣布与英国国家卫生服务体系（NHS）合作，准备利用机器学习来进行眼疾诊断，其目标是仅通过一次视网膜扫描来识别影响视力的症状。NHS的Moorfields眼科医院将向DeepMind提供100万份匿名的眼球扫描资料，DeepMind使用机器学习、深度学习技术在该数据上进行训练，以便更好地发现与显性年龄相关的黄斑变性以及糖尿病视网膜病变等眼疾的早期迹象。

3.2.2 基于深度学习的机器视觉在百度中的应用

（1）光学字符识别

传统的OCR技术包括版面分析、行分割、字分割、单字识别、语言模型解码等步骤，其中行分割涉及二值化、连通域分析等技术。这种技术在印刷体文档扫描识别等传统应用场合中取得了巨大成功，但并不适用于自然场合中的文字识别。在自然场合中，背景复杂、噪声多、光照、拍摄角度等对识别效果都有很大影响。

百度对光学字符识别的系统流程和技术框架进行了大幅改造，舍弃了传统的二值化和连通域等基于规则的方法，形成了基于深度学习CNN-RNN的光学字符识别流程，不考虑每个字符出现的具体位置，只关注整个图像序列对应的文字内容，使得单字分割和单字识别问题融为一体。百度的OCR技术已用于百度街景，可识别店铺、商家等。使用百度翻译APP，在手机摄像头聚焦菜单后，可以实现对菜单中文字的定位、识别与翻译。

（2）商品图像搜索

类似于淘宝的“拍立淘”，百度支持全新的拍照购物方式。百度商品搜索支持对服装、箱包、鞋类等商品的拍照检索。针对服装，百度结合图像的颜色和纹理，引入深度学习技术，可以找到图片中人物与衣服的语义表示（如修身无袖女装、棉麻连衣裙）。另外，百度设计了一套人物与服装对齐算法，较好地解决了用户拍照时图片的大小、背景各不相同，拍摄姿态、角度也与图片库中的模特存在差异的问题，极大地提升了用户的购物体验。对于箱包，百度开发了一套精确箱包物体检测和分割算法，该算法可以精确定位出包的位置，并精确分割出包的图像。然后，百度使用深度学习技术，训练众多箱包的识别模型，针对在实拍中可能出现的诸多复杂情况，如背景、姿态、遮挡、光照环境等，做到了精确识别和检索。

（3）百度识图

百度识图（图3.1），就是基于内容的图像搜索（content-based image

retrieval，CBIR），输入的是图片，需要返回与之相关的图片。常规的图片搜索，是通过输入关键词的形式搜索互联网上相关的图片资源，而百度识图则能实现用户通过上传图片或输入图片的url地址，从而搜索互联网上与这张图片相似的其他图片资源，同时也能找到这张图片的相关信息。百度识图从最初的相同图像搜索这一单一功能，发展出以图猜词、相似图像搜索、人脸搜索、垂直类知识图谱等丰富功能。百度基于深度学习的人脸识别技术在LFW评测中达到99.77%的准确率。

图3.1 百度识图网页页面

3.2.3 基于深度学习的机器视觉在医疗中的应用

医学影像是医疗领域中一个非常活跃的研究方向，各种影像和视觉技术在这个领域中至关重要。伴随着医学图像采集技术的显著改善，医疗设备以更快的影像帧率、更高的影像分辨率和通信技术，实时采集大量的医学影像和传感器数据。基于图像处理技术的医学影像解释方法，也迫切希望得到解决。

在医学领域，机器视觉主要用于医学辅助诊断。首先采集核磁共振、超声波、激光、X 射线、γ射线等对人体检查记录的图像，再利用数字图像处理技术、信息融合技术对这些医学图像进行分析、描述和识别，最后得出相关信息，对辅助医生诊断人体病原大小、形状和异常，并进行有效治疗发挥了重要的作用。计算断层成像（CT）和磁共振成像（MRI）中重建三维图像，并进行一些三维表面渲染都有涉及一些计算机视觉的基础手段。细胞识别和肿瘤识别用于辅助诊断，一些细胞或者体液中小型颗粒物的识别，还可以用来量化分析血液或其他体液中的指标。

在医疗影像领域有一个国际医学影像计算与计算机辅助介入会议（MICCAI），每年会议上都会有许多计算机视觉在医疗领域的创新，它是一个非常有影响力的会议。

3.2.4　基于深度学习的机器视觉在安防中的应用

安防是最早应用机器视觉的领域之一。人脸识别和指纹识别在许多国家的公共安全系统里都有应用，因为公共安全部门拥有真正意义上最大的人脸库和指纹库。常见的应用有利用人脸库和公共摄像头对犯罪嫌疑人进行识别和布控，如利用公共摄像头捕捉到的画面，在其中查找可能出现的犯罪嫌疑人，用超分辨率技术对图像进行修复，并自动或辅助人工进行识别，以追踪犯罪嫌疑人的踪迹。将犯罪嫌疑人照片在身份库中进行检索，以确定犯罪嫌疑人身份也是常见的应用之一。移动检测也是计算机视觉在安防中的重要应用，如摄像头监控画面移动用于防盗。

3.2.5　基于深度学习的机器视觉在摄影摄像中的应用

数码相机诞生后，机器视觉技术就开始应用于消费电子领域的照相机和摄像机上。最常见的就是人脸，尤其是笑脸识别，不需要再喊“茄子”，只要露出微笑就会捕捉美好的瞬间。新手照相也不用担心对焦不准，相机会自动识别出人脸并对焦。手抖的问题也在机械技术和视觉技术结合的手段下，得到了一定程度上的控制。近些年一个新的计算机视觉子学科——计算摄影学的崛起，也给消费电子领域带来了新玩意——光场相机。有了光场相机，甚至不需要对焦，拍完之后回家慢慢选对焦点，聚焦任何一个距离上的画面都能一次捕捉到。除了图像获取外，图像后期处理也有很多计算机视觉技术的应用，如Photoshop中的图像分割技术和抠图技术，高动态范围（high dynamic range，HDR）技术用于美化照片，利用图像拼接算法创建全景照片等。

3.3
机器视觉的关键深度学习方法和应用

当前，机器视觉领域主流的深度学习工具是深度卷积网络Deep CNN（DCNN）和R-CNN技术。卷积神经网络（convolutional neural network，ConvNet）是深度前馈网络（deep feedforward network）的一种，相对于邻接层全连接的深度前馈网络，卷积神经网络更容易训练、更容易泛化。本节列举一些在卷积神经网络中发挥重要作用的计算机视觉的方向。

（1）图像分类（图3.2）

图像分类是根据各自在图像信息中所反映的不同特征，把不同类别的目标区分开来的图像处理方法。它利用计算机对图像进行定量分析，把图像或图像中的每个像元或区域划归为若干个类别中的某一种，以代替人的视觉判读。图像分类是深度学习在计算机视觉领域大放异彩的第一个方向。不管是最开始的MNIST，还是后来的ImageNet，基于深度学习的图像分类在特定任务上早就超过了人的平均水平。

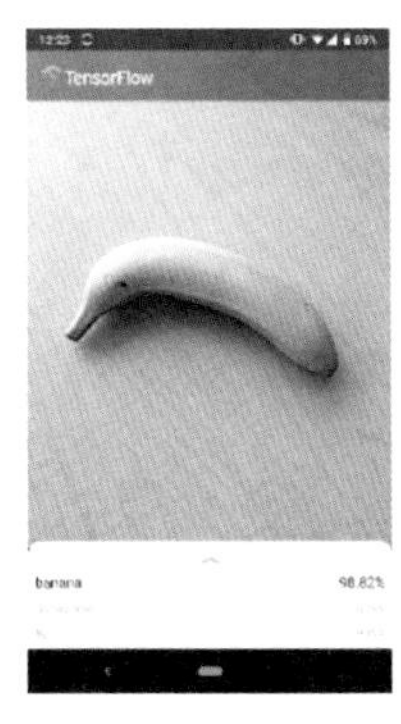

图3.2　图像分类

（2）物体检测

物体检测和图像分类差不多，是计算机视觉里最基础的两个方向。它和图像分类的侧重点不同，物体检测要稍微复杂一些，关心的是什么东西出现在什么地方，是一种更强的信息。如图3.3中，经过物体检测，我们得到的信息不仅是照片中包含屏幕、花瓶、杯子、键盘，还得到了每一样检测到的物体的位置信息，以方框的形式展现出来。

和图像分类相比，物体检测传达的信息更强，例如要分类猫和狗的图片的问题，那么如果图像中既有猫又有狗该怎么分类呢？这时候如果还是坚持用分类，则是一个多标签分类问题，或者就进一步用物体检测告诉我们猫在哪，狗在哪。在物体检测领域以基于region proposal（区域方案）的R-CNN及后续的衍生算法，以及基于直接回归的YOLO/SSD一

图3.3 物体检测

系的算法为代表，这两类算法都是基于卷积神经网络，借助的不仅仅是深度网络强大的图像特征提取和分类能力，也会用到神经网络的逼近能力。

（3）人脸识别

人脸识别是计算机视觉里历史非常悠久的一个方向，也是和人相关的研究最多的一个计算机视觉子领域。和我们生活中最相关的应用一般有两个方面：第一个是检测图像中是否存在人脸，这个应用和物体检测很像，主要应用有数码相机中对人脸的检测、网络或手机相册中对人脸的提取等；第二个是人脸匹配，有了第一个方面或是其他手段把人脸部分找到后，人脸的匹配才是一个更主流的应用，主要的思想是把要比对的两个人脸之间的相似度计算出来，计算这种度量，传统的方法叫作度量学习，其基本思想是通过变换，让变换后的空间中定义为相似的样本距离更近，不相似的样本距离更远。基于深度学习也有相应的方法，比较有代表性的是Siamese网络和Triplet网络，当然广义上来说都可以算是度量学习，有了这种度量，可以进一步判断是否是一个人。这就是身份辨识，广泛用于罪犯身份确认、银行卡开卡等场景中。此外还可以利用相似度实现一些好玩的应用，如用自拍照找相似的明星脸等。

人脸领域最流行的测试基准数据是LFW（labeled faces in the wild），顾名思义就是实拍照片中标注的人脸。该图片库由美国麻省理工学院开发，约13000张图片，其中有1680人的脸出现了两次或两次以上。在这个数据上，人类判断两张脸是否是同一人能达到的准确率为99.2%。而在深度学习大行其道之后，这个纪录已经被各种基于深度学习的方法打破。虽然这未必能代表深度学习胜过了人类，但基于深度学习的人脸算法让相关应用的可用性大大提高。如今人脸识别相关的商业应用已经遍地开花。

（4）图像搜索

狭义来说，图像搜索还有个比较学术的名字是基于内容的图片检索（content-based image retrieval，CBIR）。图像搜索是个比较复杂的领域，除了单纯的图像算法，还带有搜索和海量数据处理的属性。其中，图像部分背后的重要思想之一和人脸识别中提到的度量学习很像，也是要找到和被搜图像的某种度量最近的图片。最常见的应用如百度的识图功能、京东和淘宝的拍照购物及相似款推荐等。深度学习在其中的作用主要是把图像转换为一种更适合搜索目的的表达，并且考虑到图像搜索应用场景和海量数据，这个表达常会进行哈希/二值化处理，以达到更高的检索/排序效率。

（5）图像分割

图像分割是个比较传统的视觉应用，指的是以像素为单位将图像划分为不同部分，这些部分代表着不同的感兴趣区域。从数学角度来看，图像分割是将数字图像划分成互不相交的区域的过程。图像分割的过程也是一个标记过程，即把属于同一区域的像素赋予相同的编号。传统的图像分割算法五花八门，如基于梯度和动态规划路径的Intelligent Scissors；利用高一维空间的超曲面解决当前空间轮廓的水平集（LevelSet）方法；直接聚类的K-means；后期很流行的基于能量最小化的GraphCut/GrabCut和随机场的CRF（conditional random field）等。

后来深度学习出现。和传统方法相比，深度学习未必能做到很精细的像素级分割，但是因为深度学习能学到大量样本中的图像语义信息的天然优势，这更贴近人对图像的理解，所以分割的结果可用性通常也更好一些。常见的基于深度学习的图像分割手段是全卷积神经网络。Facebook的人工智能实验室FAIR（Facebook Artificial Intelligence Research）于2016年发布了一套用于分割+物体检测的框架，其构成是一个大体分割出物体区域的网络DeepMask，加上利用浅层图像信息进行精细图像分割的SharpMask，最后是一个MultiPathNet模块进行物体检测。其实这背后也体现出学界和业界开始慢慢流行起的另一个很底层的思想，就是图像分割和物体检测背后其实是一回事，不应该分开来研究。对照物体检测和图像分类的关系，图像分割传达的是比物体检测更进一步且更强的信息。

（6）视频识别

因为和图像的紧密联系，视频当然少不了深度学习的方法。深度学习在图像分类任务上大行其道之后，视频识别的研究立刻就跟进了，比较有代表性的工作从2014年起相继出现。

2014年的CVPR上，斯坦福大学的Fei-Fei Li组发表了一篇视频识别的论文，其基本思路是用视频中的多帧作为输入，再通过不同的顺序和方式将多帧信息进行融合，其方法并没什么特别出彩的地方，但论文发布了Sport-1M数据集，包含了Youtube上487类共计113万的体育视频，是目前最大的视频分类数据集。

2014年的NIPS上，牛津大学传统视觉强组VGG（Visual Geometry Group）发表了一篇更经典的视频识别的文章，将图像的空间信息，也就是画面信息，用一个称为Spatial Stream ConvNet的网络处理，而视频之间的时序信息用另一个称为Temporal Stream ConvNet的网络处理，最后融合称为Two Streams，直译就是二流法。这个方法后来被改来改去，发展出了更深层网络的双流法，以及更炫的融合方式的双流法，甚至除了双流还加入音频流的三流法。不过影响最大的改进还是马里兰大学和Google的一篇论文，其对时序信息进行了处理和改进，加入了本章提到过的LSTM，以及改进版二流合并的方法，成为了主流框架之一。

因为视频有时间维度，所以还有一个很自然的想法是用三维卷积去处理视频帧，这样自然能将时序信息包括进来，这也是一个流行的思路。

更近的一些研究中，最新的深度学习概率框架生成式对抗网络（generative adversarial networks，GAN）也被用到了视频处理中。2016年，CommaAI的实习生Eder Santana和被称为天才黑客的George Hotz将GAN用于对视频输入进行降维，然后用低维表达和LSTM进行处理，从而对视频的未来帧进行预测，可以比较准确地预测沿直线前进时未来的画面。

在本章中我们简单了解了深度学习应用于机器学习的优势，以及一些相关应用案例，同时，对机器视觉的关键深度学习方法进行了了解。在后续的章节中，将详细介绍在目标检测与目标识别领域的方法实现以及案例分析。

第4章 图像分类与参数学习

MACHINE VISION

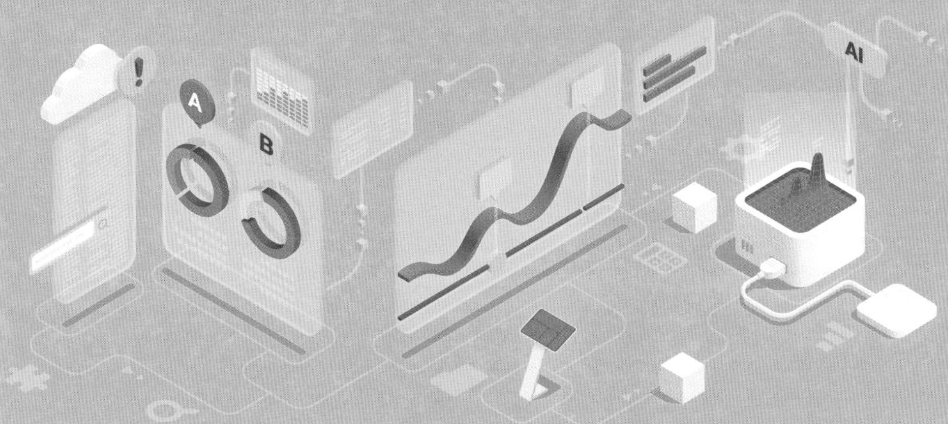

4.1 图像分类基础

图像分类是机器视觉的一个重要领域，比如人脸识别、车牌识别、医学影像分析等。图像分类的任务是在一组预定义的类别集中为图像分配标签。例如对于图4.1，我们在类别集合｛狗，猫，熊猫｝中，为图像分配一个标签。

29	142	142	75	22	109	111	28	6	5
137	168	41	206	100	70	219	127	114	191
205	154	226	14	89	86	242	67	203	15
247	47	128	123	253	229	181	251	232	28
68	75	24	99	93	63	215	222	102	180
206	246	85	103	215	3	62	64	77	216
126	80	165	149	196	75	186	60	179	193
44	253	164	253	14	216	175	30	46	254
137	23	33	203	241	21	144	63	244	188
32	214	142	121	249	109	99	232	183	71
45	36	152	27	190	137	61	1	237	247
1	14	241	70	2	30	151	67	169	205
32	80	102	32	99	169	91	166	73	214
186	219	9	203	209	240	40	249	119	122
177	252	38	203	119	0	217	139	139	157
154	145	49	251	150	185	235	23	230	156
157	168	223	60	247	118	5	180	16	206
102	208	195	246	140	138	54	191	139	79
17	233	85	169	166	24	49	40	160	97
84	242	247	144	203	3	19	24	198	88
67	67	185	98	123	106	168	105	127	153
37	113	214	252	203	80	146	211	7	16
142	241	66	86	214	133	146	253	189	200
67	215	174	111	189	54	144	56	59	163

图4.1 真实图像以及图像分配标签

以人类的视角来看，很容易得出这个图片的标签是狗，但是以计算机的视角，它呈现的是一个数字矩阵，这种差距我们称为语义差距，即人类感知图像内容的方式与计算机能够理解图像处理过程的方式之间的差异。我们如何以计算机能理解的方式对所有这些信息进行编码？一种方法是应用特征提取来量化图像的内容，特征提取是采用输入图像，应用算法，并获得量化图像的特征向量（即数字列表）的过程。为了完成这一过程，我们可以考虑应用手工设计的特征，如HOG、lbp或其他“传统”方法来进行图像量化。另一种方法，也是本书采用的方法，即应用深度学习来自动学习一组特征，这些特征可用于量化并最终标记图像本身的内容。

基于深度学习的图像分类的基本步骤（图4.2）如下。

① 数据集构造。构建深度学习网络的第一个组成部分是收集初始数据集，需要图像本身以及与每个图像相关联的标签，这些标签应该来自有限的类别集合，例如：categories = dog, cat, panda。此外，每个类别的图像数量应该大致均匀（即每个类别的示例数量相同）。如果猫图像数量是狗图像数量的2倍，熊猫图像数量是猫图像数量的5倍，那么分类器将自然地偏向于过度拟合这些大量表示的类别。类不平衡是机器学习中的一个常见问题，有很多方法可以克服它，在本书后面将会讨论其中的一些方法，但请记住，避免由于类不平衡而导致学习问题的最佳方法是完全避免类不平衡。

② 拆分数据集。现在有了初始数据集，就需要将其分成两部分：训练集和测试集。分类器使用训练集，通过对输入数据进行预测来“学习”每个类别的样子，然后在预测错误时进行自我纠正。在分类器训练完成后，可以评估在测试集上的表现。训练集和测试集彼此独立且不重叠是非常重要的。如果使用测试集作为训练数据的一部分，那么分类器就有一个不公平的优势，因为它之前已经看到了测试示例并从中“学习”。因此，必须将测试集与训练过程完全分开，并且仅使用测试集来评估网络。

③ 训练网络。给定图像训练集，就可以训练网络。这里的目标是让网络学习如何识别标记数据中的每个类别。当模型犯错误时，它会从这个错误中学习并改进自己。那么，实际的“学习”是如何进行的呢？一般来说，采用梯度下降法。本书的其余部分致力于演示如何从头开始训练神经网络，因此我们将推迟对训练过程的详细讨论。

④ 模型评估。最后，需要评估训练过的网络。对于测试集中的每个

图像，将它们呈现给网络，并要求网络预测图像的标签是什么。然后，将测试集中图像的模型预测制成表格。最后，将这些模型预测与测试集的真值标签进行比较，基础真值标签表示图像类别的实际内容，从那里可以计算分类器正确预测的数量，并计算诸如精度、召回率和f-measure等汇总报告，这些报告用于量化整个网络的性能。

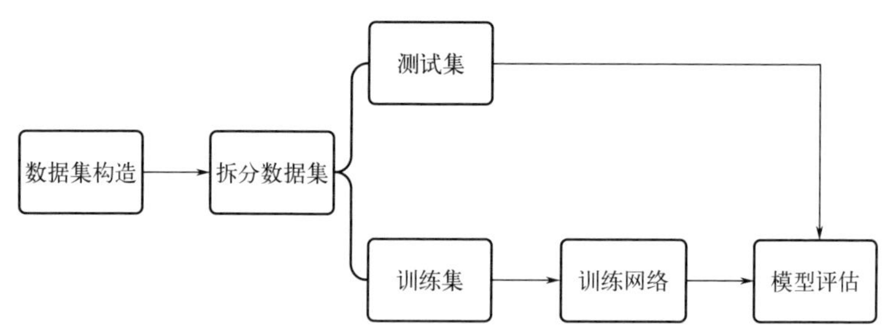

图4.2 基于深度学习的图像分类流程图

4.2 线性分类器

在本节中，将研究机器学习参数化模型方法的数学动机。

线性分类器的基本思想是，如果可以用一条直线（或者一个平面、一个超平面）来把不同类别的数据分开，如图4.3所示，那么就可以用这条直线（或者平面、超平面）作为分类的标准。

首先，假设训练数据集表示为x_i，其中每个图像都有一个相关的类标签y。假设i=1，…，N，y=1，…，K，这意味着有N个维数为D的数据点，被分成K个唯一的类别。以动物分类为例，假设这个数据集中，总共有

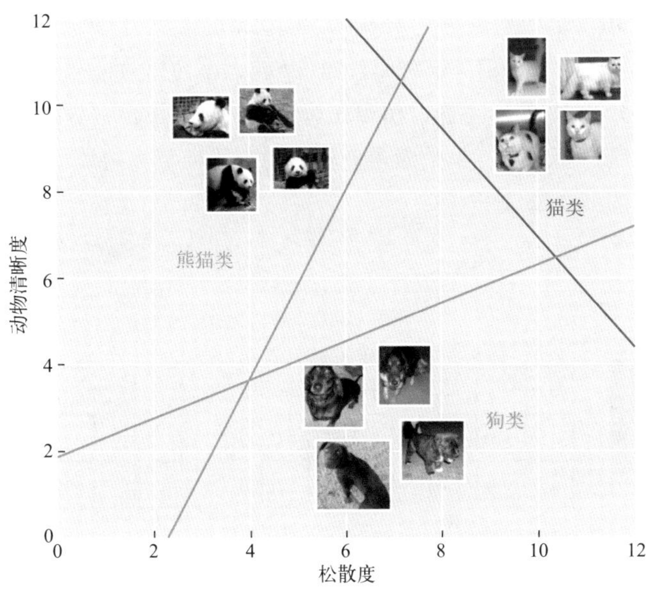

图4.3　线性分类

N=3000张图像，每个图像是32×32像素，在RGB色彩空间中表示，每个图像有三个通道，则可以将每张图像表示为D=32×32×3=3072个不同的值，最后知道总共有K=3个类标签，分别用于狗、猫和熊猫类。

给定这些变量，现在必须定义一个评分函数f，将图像映射到类标签分数。实现这一评分的一种方法是通过简单的线性映射：

$$f\left(\boldsymbol{x}_i, \boldsymbol{W}, \boldsymbol{b}\right)=\boldsymbol{W}\boldsymbol{x}_i+\boldsymbol{b} \tag{4-1}$$

假设每个$\boldsymbol{x}_i$表示形状为[D×1]的单列向量，则权重矩阵$\boldsymbol{W}$的形状为[K×D]，最后偏置向量$\boldsymbol{b}$的大小为[K×1]。偏差向量允许在不影响权重矩阵$\boldsymbol{W}$的情况下，在一个方向或另一个方向上移动和转换评分函数，偏差参数的设置通常是成功学习的关键。回到动物数据集的例子，每个$\boldsymbol{x}_i$由一个包含3072个像素值的列表表示，因此$\boldsymbol{x}_i$的形状为[3072×1]，权重矩阵$\boldsymbol{W}$的形状为[3×3072]，最终偏置向量$\boldsymbol{b}$的大小为[3×1]。图4.4给出了线性分类评分函数f的示意图，图中左边是原始输入图像，表示为32×32×3图像。然后，通过将三维数组重新塑造为一维向量，将该图像扁平化为3072像素的列向量。

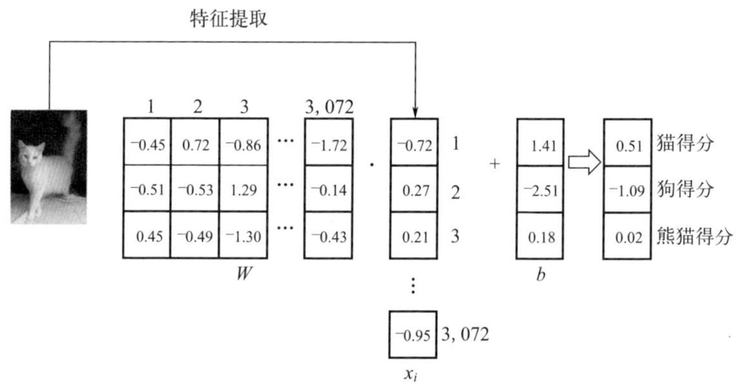

图4.4　图像映射到类标签示意

权重矩阵$\boldsymbol{W}$包含3行（即3类标签）和3072列（即图像中的3072个像素）。在取$\boldsymbol{W}$和$\boldsymbol{x}$之间的点积之后，加入偏差向量$\boldsymbol{b}$，结果就是实际的评分函数。评分函数在右侧产生三个值，分别为猫、狗和熊猫标签相关的分数。评分越高，代表图像属于这个类的概率越大。

线性分类器有很多种，比如感知机、逻辑回归、支持向量机等，它们的主要区别在于如何确定权重向量$\boldsymbol{W}$和偏置项$\boldsymbol{b}$，以及如何处理不完全线性可分的情况。一般来说，线性分类器的优点是简单、高效、易于解释；缺点是不能处理复杂的非线性关系，需要合适的特征选择和正则化。线性分类器是机器学习中最基础也是最重要的模型之一，它为我们理解和掌握更高级的分类模型打下了坚实的基础。

4.3 损失函数

4.3.1 损失函数的作用

损失函数是机器学习中的一个重要概念，它用来衡量模型的预测结果和真实结果之间的差异。损失函数的作用是指导模型的优化，使得模型能够更好地拟合数据，提高预测的准确性和泛化能力。损失函数的一般定义如下：

$$L = \frac{1}{N}\sum_{i} L_i \left[f\left(x_i, W\right), y_i \right] \tag{4-2}$$

式中，x_i表示数据集中第i张图片；$f(x_i,W)$为分类器对x_i的类别预测；y_i为样本真实类别标签（整数）；L_i为第i个样本的损失预测值；L为数据集损失，它是数据集中所有样本损失的平均；N为样本数量。

其输出通常是一个非负实值，可以作为反馈信号来对分类器参数进行调整，以降低当前示例对应的损失值，提升分类器的分类效果。

损失函数的优化方法有很多种，常见的有梯度下降法、牛顿法、随机梯度下降法等。优化方法的目标是找到损失函数的最小值或者局部最小值，从而使得模型达到最优状态。优化方法的选择取决于损失函数的形式、复杂度、可导性等因素，不同的优化方法有不同的优缺点和适用范围。

4.3.2 常见的损失函数

多类SVM损失函数，即“间隔损失”或“合页损失”（hinge loss）。其定义为，损失函数的目标是确保正确类别的评分比不正确类别的评分要高出至少一个安全边界，即1。在理想情况下，如果对于所有的不正确类别，正确类别的评分至少比每一个不正确类别的评分高出超过安全边界1，则该样本对总损失的贡献为0。所以，当所有不正确类别的评分与正确类别的评分之差小于−1（或者说正确类别的评分减去不正确类别的评分大于1时），每个这样的不正确类别对损失函数的贡献将是0，从而使得总损失最小化。

$$L_i = \sum_{j \neq y_i} \max\left(0, s_j - s_{y_i} + 1\right) \tag{4-3}$$

式中，$s_j=f(x_i,W)_j$，s_j是样本在类别j上的评分；s_{yi}是样本在其真实类别y_i上的评分；L_i是第i个训练样本的损失。

通常上面的公式被称为hinge loss，有时候依据情况不同，也会变成hinge square loss的形式：直观上可见的，加上平方时，对于单个样本损失值来说，以1为界，原来大于1的损失值，将会在整体损失值的计算中占据更大的比重；而小于1且大于0的损失值，越接近0的损失值对整体产生的影响越小。

表4.1 动物分类损失函数值

图例			
Dog（狗）	4.26	3.76	−2.37
Cat（猫）	1.33	−1.20	1.03
Panda（熊猫）	−1.01	−3.81	−2.27

以动物分类为例，通过表4.1的数据，可以依次得到损失函数值。以熊猫为例，得到其损失函数值约为5.20，这代表着预测与真实情况有一定的偏差，需要做出进一步优化。

```
>>> max(0, -2.37 - (-2.27) + 1) + max(0, 1.03 - (-2.27) + 1)
5.199999999999999
```

交叉熵损失函数（cross-entropy loss）是在分类任务中（特别是在深度学习中）被广泛使用的一种损失函数，它衡量了模型输出的概率分布与真实标签之间的差异。交叉熵损失函数适用于多类别分类问题，可以帮助模型学习正确分类的概率分布。在理解交叉熵损失函数之前，先了解一些相关的概念。

· 真实标签（true label）：表示样本的实际类别或标签，通常以one-hot编码的形式表示。例如，如果有3个类别，那么当一个样本的真实标签为[0，1，0]时，表示它属于第2个类别。

· 预测概率分布（predicted probability distribution）：表示模型对每个类别的预测概率。通常使用Softmax函数将模型输出转换为概率分布，确保所有类别的概率之和为1。交叉熵损失函数通过比较真实标签和预测概率分布来计算模型的损失。它们的公式如下：

$$P\left(Y=k \middle| X=x_i\right)=\frac{e_s k}{\sum_j e_s j} \tag{4-4}$$

$$L_i=-\log P\left(Y=y_i \middle| X=x_i\right) \tag{4-5}$$

接下来以实际例子来说明。如表4.2所示，首先得到的是未归一化的对数概率值，然后通过指数函数将数据转变为非负数，最后代入公式，得到几个和为1的概率值。

表4.2 动物分类交叉熵损失函数值

项目	未归一化对数概率值	未归一化概率值	概率值
Cat（猫）	3.2	24.5	0.13
Dog（狗）	5.1	164.0	0.87
Panda（熊猫）	-1.7	0.18	0.00

交叉熵损失函数可以理解为真实标签对应的概率在预测概率分布中的负对数。当模型的预测结果与真实标签一致时，交叉熵损失为最小值（0），表示模型的预测非常准确。当模型的预测与真实标签差异较大时，交叉熵损失较大，表示模型的预测不准确。

第5章 Transformer

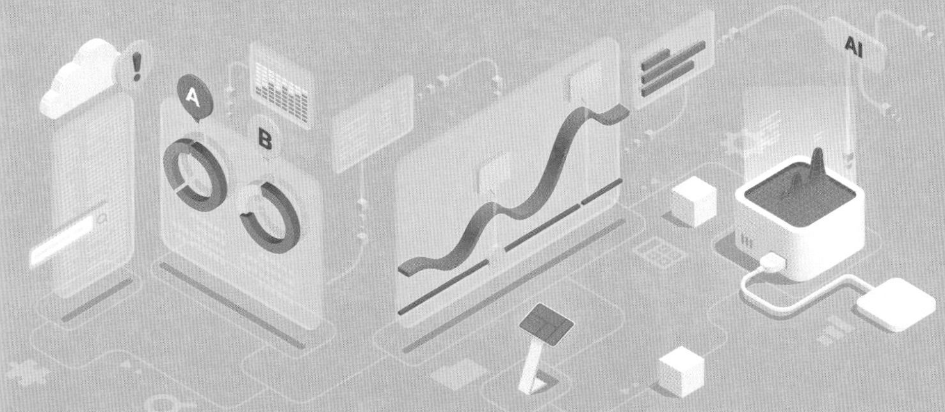

5.1 Transformer背景

5.1.1 Transformer简介

深度学习中的Transformer模型最初由Vaswani等人于2017年在论文*Attention is All You Need*中提出，它可以很好地处理序列数据（如自然语言文本），实现序列到序列的预测，被广泛用于自然语言处理任务，如机器翻译、语音识别和文本生成等。

Transformer的核心思想是摒弃了传统循环神经网络（recurrent neural network, RNN）和长短时记忆网络（long short-term memory, LSTM）等序列模型的固有顺序处理方式，而且引入了自注意力机制。自注意力机制允许模型在处理每个序列元素时动态地分配不同程度的注意力权重，而无须依赖先前的顺序，具有全局计算与超长记忆能力。

Transformer在自然语言处理领域取得了突破性的成果，引领了预训练模型的潮流，如BERT（bidirectional encoder representations for transformers）和GPT（generative pre-trained transformers），促进了大语言模型（large language model, LLM）的发展。它的成功也推动了其在其他领域的应用，包括计算机视觉和强化学习。然而，由于计算复杂性的原因，大规模Transformer模型的训练仍然是一个挑战，研究者们正在不断努力改进和优化模型的性能。

5.1.2 传统序列模型的局限性

传统序列模型的局限性，在一定程度上激发了Transformer模型的提出。以RNN为例，其网络结构如图5.1所示。

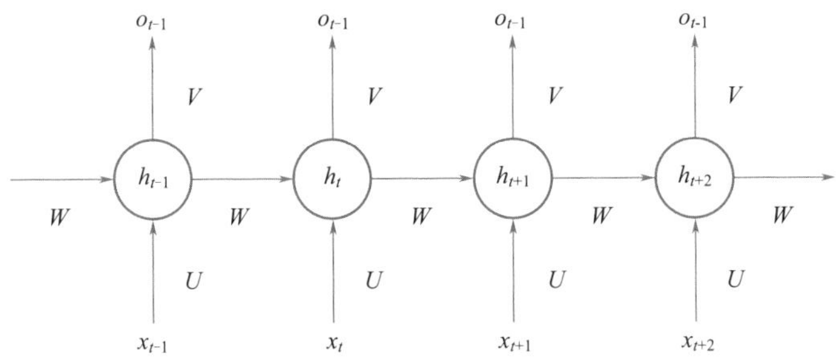

图5.1 RNN网络结构

网络的隐藏层参数由当前时刻的输入与上一时刻的隐藏层参数求得:

$$h_t = f\left(U \times x_t + W \times h_{t-1} + b_h\right) \tag{5-1}$$

网络每一时刻的输出则由隐藏层参数计算而得:

$$o_t = g\left(V \times h_t + b_o\right) \tag{5-2}$$

式中，f与g为各层的激活函数；b_h与b_o为各层的偏置项。

由此可见，循环神经网络是顺序处理的，在每一次迭代的过程中单独地生成当前时刻预测的数据，且每个时刻的计算依赖于前一个时刻的状态，这限制了并行计算，导致训练速度较慢。其次，这样的训练过程还会导致RNN难以捕捉序列中的长期依赖关系，因为在反向传播过程中，梯度可能会迅速消失或爆炸，这使得RNN在处理长序列时难以有效地传递信息。在RNN中，还会出现参数共享问题，相同的权重矩阵被用于处理输入序列的不同位置，可能导致模型无法捕捉输入中的变化模式。RNN通常也只能通过当前时刻的隐藏状态来捕捉全局信息，而无法有效地利用整个序列的上下文信息。

这些问题导致了在处理具有长期依赖和全局依赖关系的序列数据时的性能下降。为了克服这些限制，Transformer模型引入了自注意力机制，通过同时考虑整个序列的信息，更好地捕捉长距离依赖关系，并且可以并行处理输入序列，提高了训练效率，这使得Transformer在自然语言处理等任务中的性能获得了显著提升。

5.2 Transformer模型

5.2.1 Transformer基本框架

Transformer模型包括编码器（encoder）和解码器（decoder）两个部分，每个部分都由多层堆叠而成，即多个编码器和多个解码器结构，如图5.2所示。编码器（图5.2中左侧）将输入序列映射到中间变量层，而解码器（图5.2中右侧）则通过调用这个变量层生成目标序列，编码器和解码器通过中间变量层联系在一起。

5.2.2 输入部分

无论是编码器还是解码器，都要首先接受同一种类型输入，此输

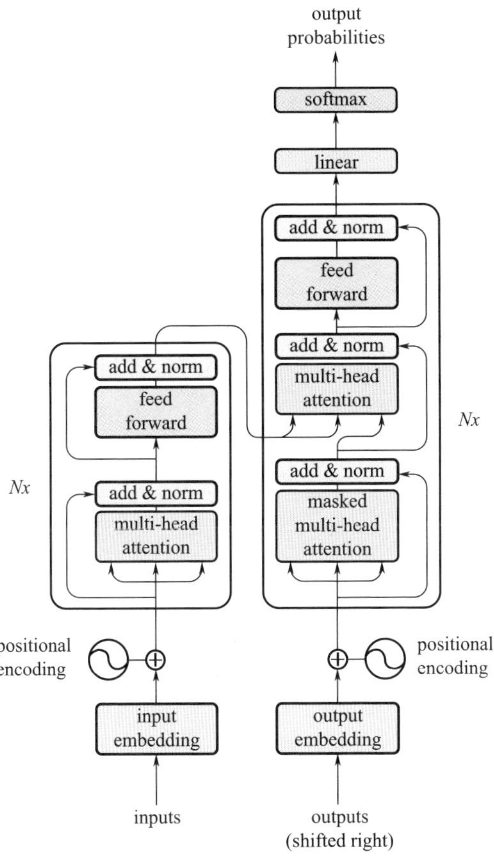

图5.2 Transformer模型结构

（input embedding：输入嵌入；output embedding：输出嵌入；
positional encoding：位置编码；multi-head attention：多头自注意力机制；
feed forward：前馈神经网络；linear：线性；shifted right：右移；
output probabilities：输出概率；masked：掩码的）

入为原始输入序列的编码，是输入嵌入（input embedding）和位置编码（positional encoding）两个向量的相加。

（1）输入嵌入

输入嵌入是将输入序列中的每个元素映射为一个固定维度的实数向量，以便模型能够更好地理解和处理语言信息。每一个元素对应一个向量，这个向量捕捉了该元素在语义空间中的某种表示。

（2）位置编码

由于Transformer模型没有固有的顺序处理机制，无法直接捕捉词语的位置信息，需要通过位置编码来为输入序列中的词语或标记引入相对位置的信息。常用的位置编码方法是使用正弦和余弦函数，这是因为它们可以捕捉周期性的位置关系，并确保相邻位置之间的编码差异较大。位置编码将序列中一个元素的位置映射为一个与输入嵌入相同维度的实数向量，具体公式如下:

$$PE(pos,2i)=\sin\left(\frac{pos}{10000^{\frac{2i}{d}}}\right) \tag{5-3}$$

$$PE(pos,2i+1)=\cos\left(\frac{pos}{10000^{\frac{2i}{d}}}\right) \tag{5-4}$$

式中，pos表示所编码的位置；d是编码向量的维度；i是维度的索引，即编码向量的偶数位使用正弦函数，编码向量的奇数位使用余弦函数。

通过引入位置编码，Transformer模型能够更好地捕捉输入序列中词语的顺序信息，从而有效地处理具有序列性质的任务。

5.2.3 编码器结构

Transformer的编码器是由多个相同的层堆叠而成的结构，每一层的输出都是下一层的输入，最终输出至编码器与解码器的中间变量层。每一个编码器层有四个主要组成部分：多头自注意力机制（multi-head attention）、前馈神经网络、残差连接和层标准化。

（1）多头自注意力机制

模型的关键之一就是多头自注意力机制，它允许模型在不同的注意力空间中，以不同的注意力权重学习关于输入序列的不同信息，大大提升了模型的学习能力。

① 线性变换。在每个自注意力头，首先通过对多个输入向量拼接组成的矩阵***Input***进行线性变换，得到三个不同的表示，分别为查询$\boldsymbol{Q}$（query）、键$\boldsymbol{K}$（key）和数值$\boldsymbol{V}$（value），这些线性变换通过待学习的权重矩阵$\boldsymbol{W}_Q$、$\boldsymbol{W}_K$、$\boldsymbol{W}_V$分别与***Input***作矩阵乘法来完成。

$$\boldsymbol{Q} = \boldsymbol{Input} \times \boldsymbol{W}_Q \tag{5-5}$$

$$\boldsymbol{K} = \boldsymbol{Input} \times \boldsymbol{W}_K \tag{5-6}$$

$$\boldsymbol{V} = \boldsymbol{Input} \times \boldsymbol{W}_V \tag{5-7}$$

② 自注意力机制。自注意力机制用于处理输入序列中的信息，并捕捉不同位置元素之间的关系，每个输入位置经过线性变换的元素都与其他位置元素计算注意力权重，通过对$\boldsymbol{Q}$、$\boldsymbol{K}$计算并进行Softmax操作，得到注意力权重$Attention$，$\boldsymbol{K}$中每一个元素向量的维度为d_k。

$$Attention = \mathrm{Softmax}\left(\frac{\boldsymbol{QK}^{\mathrm{T}}}{\sqrt{d_k}}\right) \tag{5-8}$$

最终通过注意力权重得到每个输入位置的加权表示，即自注意力机制的输出 ***Output***。

$$\boldsymbol{Output} = Attention \times \boldsymbol{V} \tag{5-9}$$

③ 多头合并。多头自注意力机制是将上述线性变换和自注意力机制的过程，在不同权重矩阵的情况下，实现不同的输出 ***Output***，将不同的输出拼接在一起，并通过线性变换得到最终依据注意力的输出表示。多头自注意力机制允许模型学习不同的注意力权重，提高了模型对不同关系的捕捉能力。

（2）前馈神经网络

每个多头自注意力机制后连接一个前馈神经网络，前馈神经网络由两个线性变换和一个激活函数（一般是ReLU）组成，这一层的目标是对自注意力机制的输出进行非线性映射，提高模型的表达能力。

（3）残差连接

在每个多头自注意力机制和前馈神经网络的输入和输出之间应用残差连接，即将原始输入直接与子层的输出相加，以避免训练深层网络时的梯度消失问题。残差连接提供了短路径，有助于梯度的顺利传播。

（4）层标准化

对每个子层的输出进行标准化，使其具有零均值和单位方差，然后通过可学习的缩放和平移参数进行线性变换，有助于提高训练过程的稳定性，加速收敛，并对输入的分布进行规范化。

上述组成部分在每个编码器层中都会被堆叠，从而形成完整的Transformer编码器结构。整个模型的编码器由多个这样的层堆叠而成，使得模型能够对输入序列进行多层次、多尺度的表示学习。这种结构的灵活性和并行性是Transformer模型在处理序列数据时的关键创新。

5.2.4 解码器结构

Transformer的解码器结构也是由多个相同的层堆叠而成，和编码器结构类似，每个解码器层包括掩码的多头自注意力机制（masked multi-head attention）、编码器-解码器注意力机制、前馈神经网络、残差连接和层标准化。

（1）掩码的多头自注意力机制

与编码器的多头自注意力机制不同，掩码的多头自注意力机制在生成目标序列计算注意力权重时，为了确保在生成序列的每个位置时，模型只能关注该位置之前的信息而不能使用后续的信息，使用了掩码（mask）屏蔽掉之后的位置，避免未来信息的泄露。这种掩码的使用符合自回归生成的要求，这在解码器的自注意力机制中是特别重要的，以确保模型按照正确的顺序生成序列元素。

（2）编码器-解码器注意力机制

编码器-解码器注意力机制的输入包括自身上一步的输出和编码器的最终输出，其中解码器上一时间步的输出与权重矩阵$\boldsymbol{W}_Q$相乘得到查询Q，编码器的输出分别与权重矩阵$\boldsymbol{W}_K$、$\boldsymbol{W}_V$相乘得到键K和数值V，后续的步骤与编码器的多头自注意力机制相同。

解码器生成目标序列的每个时间步，再逐步生成目标序列的每个元素，然后将这些已生成的部分序列作为输入，用于生成下一个元素。随着模型逐步生成序列，输入序列也会逐渐增长。编码器-解码器注意力机制还利用编码器的输出进行注意力权重计算，以获取输入序列的上下文信息，使得解码器能够关注输入序列中不同位置的信息，从而更好地利用源语言信息来生成翻译或生成任务的目标序列。

5.3 Transformer在机器视觉中的应用

在图像视觉领域，Transformer模型因其架构的成功和通用性同样发挥重要的作用，其强大的序列建模能力和注意力机制的高效性，可以更好地实现端到端的目标检测任务。

5.3.1 Detection Transformer（DETR）

作为Transformer在目标检测领域典型的代表，DETR模型不再依赖于传统的预定义锚框和非极大值抑制（non-maximum suppression, NMS）等手段，而是通过Transformer解码器直接生成目标的位置和类别。如图5.3所示，在目标检测的过程中，输入图像经过CNN提取特征向量，与位置编码共同输入编码器，编码器使用多头注意力机制来变换输入向量，并且输出同尺寸的向量。为了允许模型关注来自不同表示子空间和不同位置的内容，不同注意力头的输出与可学习的权重线性聚合。将编码器输出向量输入解码器，解码器同样使用多头注意力机制，并行解码N个对象，然后通过前馈网络（feed forward network, FFN）使用Softmax函数将它们独立地解码为框坐标（归一化中心坐标、高度和宽度）和类别标签，从而产生N个预测。由于预测一个固定数量的N个边界框的集合时，其中N通常比图像中感兴趣对象的实际数量大得多，因此使用额外的特殊类别标签来表示在槽内没有检测到的对象，这个类别在标准对象检测方法中扮演类似于“背景”类的角色。

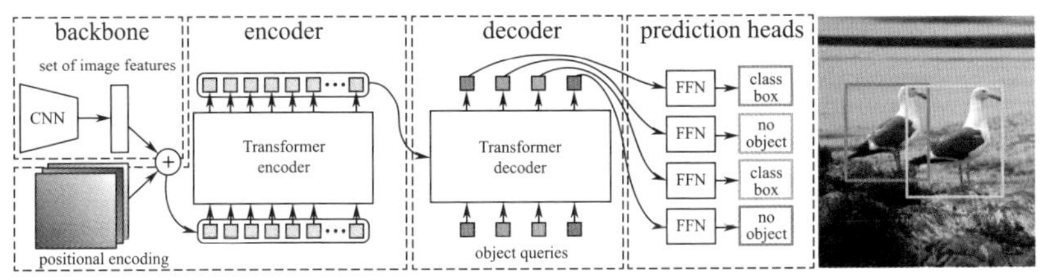

图5.3 目标检测DETR模型

（backbone：主干；set of image features：图像特征集；encoder：编码器；decoder：解码器；positional encoding：位置编码；object queries：对象查询；prediction heads：预测头；class box：类别框；no object：没有对象）

DETR通过最小化目标检测任务的损失函数直接优化模型，这意味着模型可以端到端地进行从原始图像到目标检测结果的训练，直接学习目标的精确位置，无须额外的模块或后处理。并且，DETR使用Transformer解码器来生成目标检测的结果，能够通过全局的注意力机制来捕捉图像中的上下文信息，有效处理目标之间的关系。DETR模型标志着目标检测领域的一次重大创新，DETR的成功启发了后续研究者在目标检测领域中更多地应用Transformer模型。

5.3.2 Unsupervised Pre-training for Object Detection with Transformers（UP-DETR）

UP-DETR模型是对DETR模型的扩展研究，旨在通过自监督学习的方式进行无监督的目标检测预训练，该方法使用图像自身的信息，而无须手工标记的目标检测标签，更好地利用了大量未标记的图像数据。在无监督的预训练阶段，UP-DETR使用随机生成的目标位置来构建伪标签，通过在图像中随机选择位置并生成目标区域，从而为模型提供自动生成的目标检测任务。为了确保模型对于目标位置的变化保持一致性，UP-DETR引入了一致性损失（consistency loss），该损失要求在不同视角或图像增强下，同一目标的检测结果保持一致。在无监督预训练后，UP-DETR在有监督任务上进行微调，使用有标签的目标检测数据，并通过最小化有监督任务的损失函数来调整模型参数，以进一步提高模型在目标检测任务上的性能。这种方法为利用大规模无标签数据进行目标检测模型的预训练提供了一种有效的途径。

5.3.3 Deformable DETR

Deformable DETR模型则在DETR模型的基础上，在Transformer的编码器和解码器中引入了可变形注意力机制（deformable attention），以提高模型对目标的准确性，在目标检测任务中更好地处理目标的形变和多样性。可变形注意力允许模型动态地调整注意力的形状和大小，以提高对输入图像中不同区域的建模能力，改善对于生成目标位置的准确性，适应不规则形状和遮挡等情况。为了更好地捕捉目标的形变信息，Deformable DETR还引入了可变形位置编码，使得模型能够更精准地表示不同位置的特征。这一创新有效提高了DETR在目标检测任务中的性能，为处理实际场景中更复杂目标的目标检测任务提供了一种有效的方法。

可见，Transformer在图像目标检测领域可以全局感知图像的多尺度信息，而不受未知空间的影响，注意力机制可以自然地聚合多尺度特征图，而不需要特征金字塔网络的帮助，对于端到端的对应关系有简化学习的作用。以上这些模型都展示了Transformer在处理目标检测任务中的灵活性和强大性能，这些研究为进一步推动目标检测领域的发展提供了有价值的经验和启示。

本章参考文献

[1] Vaswani A, Shazeer N, Parmar N, et al. Attention is All You Need[J]. Advances in Neural Information Processing Systems, 2017, 30.

[2] Carion N, Massa F, Synnaeve G, et al. End-to-End Object Detection with Transformers[C]//European Conference on Computer Vision. Cham: Springer International Publishing, 2020: 213-229.

[3] Dai Z, Cai B, Lin Y, et al. Up-detr: Unsupervised Pre-Training for Object Detection with Transformers[C]//Proceedings of the IEEE/CVF Conference on Computer Vision and Pattern Recognition. 2021: 1601-1610.

[4] Zhu X, Su W, Lu L, et al. Deformable detr: Deformable Transformers for End-to-End Object Detection[J]. arXiv preprint arXiv, 2020.

第6章

基于深度学习的目标检测

MACHINE VISION

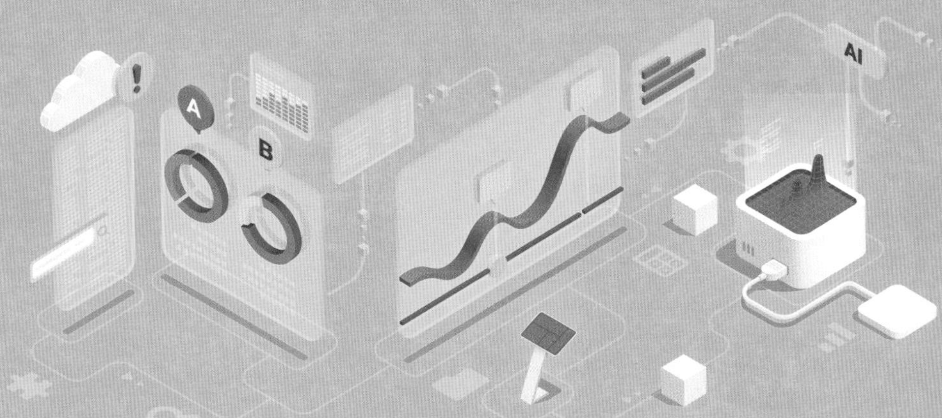

6.1 目标检测技术

6.1.1 目标检测概念

目标检测是一种在视频或图片中把感兴趣的内容和背景分割开，并标记出来的行为动作，不仅需要检测任务目标的类别，还需要检测目标的位置。除此以外，视频或图片内的目标个数也并不确定。目标检测对于人类而言，是一项非常简单的任务，就连几个月大的婴儿都能识别出一些常见目标，然而，直到十年以前，让机器学会目标检测仍是一项艰巨的任务。随着计算机技术的发展和机器视觉原理的广泛应用，利用图像处理技术对目标进行实时跟踪研究越来越热门，对目标进行动态实时跟踪定位在智能化交通系统、智能监控系统、军事目标检测及医学导航手术中的手术器械定位等方面具有广泛的应用价值，如图6.1所示。

图6.1 目标检测示例

6.1.2 目标检测评价指标

基于深度学习的检测算法多种多样、各有差异，要想判断一种算法的优劣程度，就需要引入性能评估指标，本节将介绍几种常见的性能评估指标。

（1）交并比 IoU（intersection over union）

为了测量定位目标的准确性，IoU 被用来比较预测框和真值框的距离及重叠面积等（图6.2）。IoU 的计算公式为两个框相交的面积除以两个框相并的面积，如图6.2所示，即：假设 A 是模型检测结果，B 为真值框，那么

$$IoU=\left(A\cap B\right)/\left(A\cup B\right) \tag{6-1}$$

通常，对于检测框的判定存在一个阈值，也称之为 IoU 的阈值。一般地，当 IoU 的值大于0.5时，被认为是成功检测；当 IoU 的值小于0.5时，则被认为是目标检测效果不理想。IoU 的值越大，表示物体检测越准确。

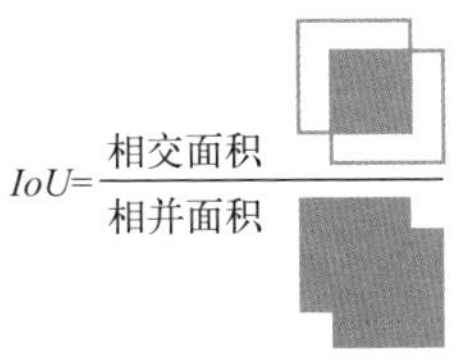

图6.2　交并比计算

（2）平均精度均值 mAP（mean average precision）

mAP 是在目标检测算法中用于度量识别精度的评价指标。为了检测算法对所有目标类别的检测性能，经常用 mAP 作为最终性能的度量。

① *mAP*相关概念。将所有样本分类如下：

TP（true positive）：检测值和真实值一样，检测值为正样本（真实值为正样本）。

TN（true negative）：检测值和真实值一样，检测值为负样本（真实值为负样本）。

FP（false positive）：检测值和真实值不一样，检测值为正样本（真实值为负样本）。

FN（false negative）：检测值和真实值不一样，检测值为负样本（真实值为正样本）。

令*TP*、*TN*、*FP*、*FN*分别表示其对应的样本数，则*TP*+*TN*+*FP*+*FN*=样本总数，分类的混淆矩阵如图6.3所示。

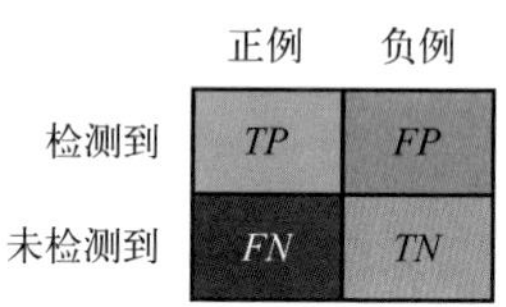

图6.3 混淆矩阵

a.准确率（accuracy）：分类模型所有判断正确的结果占总数的比重。

$$Accuracy = \frac{TP + TN}{TP + TN + FP + FN} \quad (6\text{-}2)$$

b.精度（precision）：在模型检测结果全是正样本时，模型预测正确的比重。

$$Precision = \frac{TP}{TP + FP} \quad (6\text{-}3)$$

c.召回率（recall）：在所有正样本中，模型检测结果是正样本的比重。召回率与灵敏度（sensitivity）是一个概念。

$$Recall = \frac{TP}{TP + FN} \tag{6-4}$$

d.*P-R*曲线：*P-R*曲线与精度和召回率有关，其中召回率为横坐标，精度为纵坐标。如图6.4所示。

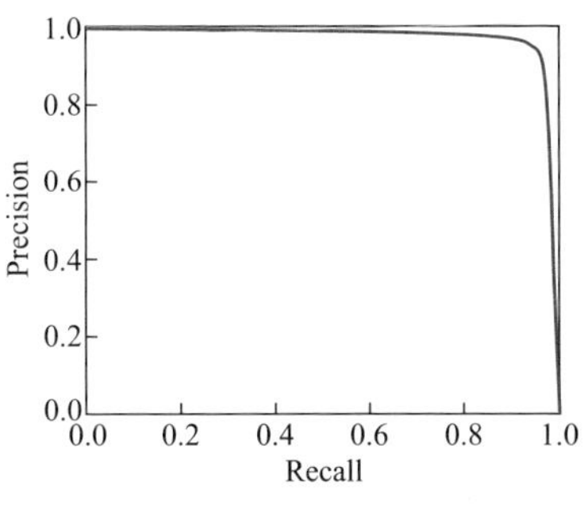

图6.4　*P-R*曲线

e.平均精度*AP*：所有图像内某一类的*P-R*曲线下的面积。*AP*值越高，模型的性能就越好。

$$AP = \int_0^1 x\mathrm{d}x \tag{6-5}$$

② *mAP*的计算。*mAP*就是计算所有图像内的所有类别的平均精度后，再求平均值。*mAP*越大，证明该模型分类能力越强。

$$mAP = \frac{\sum_{i=1}^{n} AP_i}{n}, i = 1, 2, \cdots, n \tag{6-6}$$

（3）每秒传输帧数*FPS*（frames per second）

*FPS*是指模型每秒能检测图像的数量。单位时间内处理的图像数量

越多，实时检测的效果越好。在实际问题中，通常需要综合考虑*mAP*和*FPS*来判断模型的性能。

6.1.3　目标检测数据集

本节将介绍一些可用的，常用于目标检测任务的公开评测集。这些数据集在目标检测领域都具有较大影响力。

（1）Pascal VOC

The Pascal Visual Object Classes（VOC）挑战赛是一个计算机视觉领域早期促进视觉感知发展的重要的比赛，其为参赛者提供了专业的训练以及测试数据集。在目标检测方向，最常用的评测集为VOC 2007和VOC 2012。Pascal VOC 07数据集有5000张训练图像和1.2万个标记对象；而Pascal VOC 12增加到了1.1万张训练图像和2.7万个标注对象，对象类别被扩展到20个，包含了20类日常生活常见的物品。

（2）ILSVRC

ImageNet大规模视觉识别挑战赛（ILSVRC）是2010年至2017年的年度挑战赛。如今，ILSVRC数据集已成为评估模型性能的基准集，其规模扩展到了1000个类别，超过100万个图像，其中目标检测的评测集包括200个类别，超50万张图像。ILSVRC还通过放宽*IoU*阈值的方法来将小目标检测纳入其中。

（3）MS-COCO

The Microsoft Common Objects in Context（MS-COCO）是目前最具挑战的数据集之一。基于MS-COCO的目标检测比赛自2015年开始，每

年举行一次，热度持续至今。MS-COCO数据集包含了自然环境中发现的四岁儿童可轻易识别的共91种常见目标。超过200万个实例，平均每张图像中有3.5个类别、7.7个实例，甚至还有多种视角的图像，除此以外，它还包含了很多小目标以及众多密集目标。这些特点使得MS-COCO的数据分布更加逼真，因此成为最为重要的数据集之一。

（4）Open Images

对于目标检测，谷歌Open Images数据集有1600万个标记对象，包含190万张图像上的600个类别，这使它成为最大的目标定位数据集。Open Image于2017年被推出，并已进行了6次更新。

6.2 目标检测方法

6.2.1　传统目标检测算法

自目标检测概念提出以来，产生了大量基于手工设计特征的传统算法。不同于基于深度学习的目标检测算法，传统算法为了实现物体检测，算法流程可概括为：利用不同尺寸的滑动窗口框住图中的某一部分作为候选区域，对可能包含物体的区域进行特征提取，利用分类器对提取的特征进行识别检测。本节将介绍几种在目标检测技术发展过程中具有代表性和影响力的传统算法。

（1）Viola-Jones

Viola-Jones检测器是P.Viola和M.Jones于2001年提出的主要应

用于人脸检测的探测器。Viola-Jones采用滑动窗口法来检测目标是否存在于窗口之中，滑动窗口法作为一种经典的物体检测方法，其基本原理就是采用不同大小和比例（宽高比）的窗口在整张图片上以一定的步长进行滑动，然后对这些窗口对应的区域做图像分类，实现对整张图片的检测。但是需要很大的计算量，耗费很多时间。该检测器在特征提取时采用Haar特征，使用积分图像的技法来减少特征的重复计算。在检测时，该检测器基于Adaboost算法，找到每个Haar特征的分类器，并将它们级联。Viola-Jones算法如今仍然用于小型设备，因为它非常高效和快速。

（2）HOG

Histogram of Oriented Gradients（HOG）特征描述器，用于目标检测的特征提取。它提取梯度及其边缘方向来创建一个特征表。将灰度图划分为网格，然后使用特征表为网格中的每个单元创建直方图。主要流程：为感兴趣的区域生成HOG特征，将其输入线性SVM分类器进行检测。HOG主要应用于行人检测场景，也可用来检测其他种类。

（3）DPM

Deformable Parts Model（DPM）可变组件模型是由P.Felzenszwalb于2008年提出的检测算法。在特征层面，DPM对HOG进行了扩展，创新性地将检测目标拆分为各个部件，复杂问题简单化，将检测一个复杂目标的问题转换为检测多个简单部件的问题。例如，车辆可以被认为是车窗、车轮、车体等部件的集合。DPM的问题拆分思想对后续检测算法的发展起到了深远的影响，P.Felzenszwalb因此获得了PASCAL VOC 2010年颁发的终身成就奖。

6.2.2 基于深度学习目标检测算法

传统目标检测算法存在一些问题：运算量大、识别精度不足、过程过于缓慢。直到2012年，卷积神经网络（CNN）的兴起将目标检测算法推向了新的台阶。2014年，R.Girshick等人率先将卷积神经网络应用于目标检测领域中。近年来，基于深度学习的目标检测算法研究进步飞速。目前，基于深度学习的目标检测算法主要分为基于锚点类模型和基于无锚点类模型两种。

（1）基于锚点类模型

基于锚点类模型又分为两阶段算法和单阶段算法。两种算法均是对原始图像直接进行特征提取，计算出目标物体的类别概率和位置坐标值。两阶段算法是把分类任务分成两个步骤来完成。首先针对输入图像筛选出可能存在的目标候选区域，再利用卷积网络完成对候选区域的优化调整。这类算法的精度一般较高，但是由于两阶段的原因，预测速度较慢。单阶段算法相对于两阶段算法少了一个生成候选框的步骤，根据回归的思想，在每个划分的区域中，得到一定数量的预测框大小和分类信息，相较前者方法，检测速度更快。本书的目标检测部分主要介绍的就是上述两种算法。

① 两阶段算法

a.R-CNN：2014年，R.Girshick等人提出了R-CNN算法。主要思路是：首先通过选择性搜索（selective search）从原始图像中筛选出约2000个候选框，然后将每个候选框中的图像缩放为同一尺寸227pixel×227pixel，将其放入CNN模型（如AlexNet）中提取特征，最后将提取出的特征通过SVM分类器进行分类处理，以判断是否存在待检测目标。同时，基于回归的方法调整生成的矩形框，使对目标的包围更加精确。R-CNN将

PASCAL VOC07测试集的平均精度均值从35.1%提升到了66%。但缺点也很明显，所需计算资源巨大，训练过程复杂，运行速度较慢。

b.SPP-Net：2014年，何恺明等人提出了SPP-Net（空间金字塔池化网络）算法。SPP-Net在R-CNN的基础上去掉了生成候选框并缩放为统一尺寸的操作，基于一个空间金字塔池化层（SPP layer），将经过一次卷积网络计算的子图像采样成同一尺寸的子图像，送入后续网络进行特征提取，最后送入全连接层进行分类。相比于R-CNN，SPP-Net大大减少了计算量，相对提高了运行速率。

c.Fast R-CNN：2015年，R.Girshick等人在研究过程中提出一种优化的Fast R-CNN模型，是基于R-CNN和SPP-Net的改进版。首先输入图像，图像被传递到CNN中提取特征，并返回感兴趣区域ROI，之后在ROI上运用感兴趣区域池化层（RPI pooling layer）保证每个区域的尺寸相同，最后这些区域的特征被传递到全连接层的网络中进行分类，并用Softmax函数和线性回归层同时返回边界框。Fast R-CNN在VOC 07数据集上将检测精度mAP从58.5%提高到70.0%，检测速度比R-CNN提高了200倍。但其依然局限于基于传统方法生成候选框，计算量依然巨大。

d.Faster R-CNN：针对SPP-Net和Fast R-CNN都使用了选择性搜索的算法模块，造成计算量巨大的问题，S.Ren等人在2015年提出了Faster R-CNN算法。Faster R-CNN算法是第一个端到端，最接近于实时性能的深度学习检测算法，其最主要的创新点在于提出了区域建议网络（RPN），来代替选择性搜索算法获取候选区域。虽然Faster R-CNN的精度更高，速度更快，整个算法流程融合成了一个完整的端到端学习框架，但生成区域建议的计算量依然巨大。

② 单阶段算法

a.YOLO：2015年，R.Joseph等人提出了YOLO方法，YOLO是第一个实现了实时的目标检测算法，也是第一个单阶段目标检测算法。YOLO v 1将检测速度提升到了45张/s，但是相对于两阶段算法，检测准度和定位精度明显有所差异，且在小目标检测方面，效果明显不足。YOLO v 1的主要思路是将图像划分为多个网格，然后为每一个网格预测边界框，并给出相应的概率。例如某个待检测目标的中心落在图像中所划分的一个单元格内，那么该单元格负责预测该目标位置和类别。为了改善上述弊端，YOLO后续发展出了YOLO v 2、YOLO v 3、YOLO v 4、YOLO v 5等多个版本。目前，在MSCOCO数据集上，YOLO v 4可以达到43.5%的平均精度，同时在Tesla V100上达到实时速度65张/s。相比于YOLO v 4，YOLO v 5在性能上稍微逊色，但其灵活性与速度远强于YOLO v 4，而且在模型的快速部署上也具有极强优势。

b.SSD：2015年，Liu等人提出了结合YOLO v 1和Faster R-CNN的SSD算法。由于不同卷积层所包含特征的尺寸不同，SSD可以通过综合多个卷积层的检测结果来检测不同尺寸的目标。SSD取得了比YOLO v 1快的接近FasterR-CNN的检测性能（实时速率达到59张/s，*mAP*值达到76.8%），虽然相对于YOLO v 1有了明显进步，但SSD仍然没有解决小目标检测精度不足的问题。

c.RetinaNet：为了找出单阶段目标检测算法在检测精度方面一直逊于两阶段目标检测算法的原因，Lin等人进行了研究，得出是正负样本极不平衡的原因。2017年，Lin等人提出了RetinaNet算法。RetinaNet的创新之处在于改进了经典的交叉熵损失函数，提出了聚焦损失（facalloss）函数，对预测错误的样本添加权重，使得简单样本损失降得更大，从而解决了正负样本不平衡的问题。虽然检测速度比单阶段方法慢，但仍然超过部分两阶段方法。

（2）基于无锚点类模型

基于无锚点类模型主流算法分为基于关键点和密集预测两类。2018

年，Law等人提出了CornerNet算法，通过角点来检测边界框，不仅能检测物体的角点，还可以使物体的中心点进行检测匹配。后来在此基础上，又陆续出现了ExtremeNet算法、CenterNet算法。而Tian等人提出的基于单阶段和全部由卷积层构成的FCOS算法则是基于密集预测的目标检测算法，没有锚点计算，同时增加多种结构来预测多尺度图像。

6.3 基于区域的两阶段目标检测方法

两阶段目标检测（two-stage object detection）是一种常用的目标检测方法，通过两个阶段来实现目标检测。第一阶段：生成候选框，此阶段通过使用特定算法（如selective search）生成大量候选框，以便在图像中快速查找目标。第二阶段：确定目标，此阶段使用卷积神经网络（CNN）来评估候选框，以确定它们是否包含真正的目标，并对目标进行分类。两阶段目标检测在精确性和速度上比较平衡，因此在许多应用中被广泛使用，例如R-CNN、Fast R-CNN和Faster R-CNN。

6.3.1 R-CNN

R-CNN即regions with convolutional neural network，基于自底向上提取的候选框和丰富的卷积神经网络提取的特征来实现目标检测，其网络结构如图6.5所示。在PASCAL VOC和ImageNet目标检测任务中，R-CNN显著地超过其他模型。在此之前的目标检测都是基于底层像素级别的特征，R-CNN是首个应用卷积神经网络提取到深度特征，并完成了识别任务。R-CNN虽然是比较老的网络结构，但是非常经典，对于研究人员而言，更重要的是学习它的主题思想，从而为学习后续新变体奠定基础。

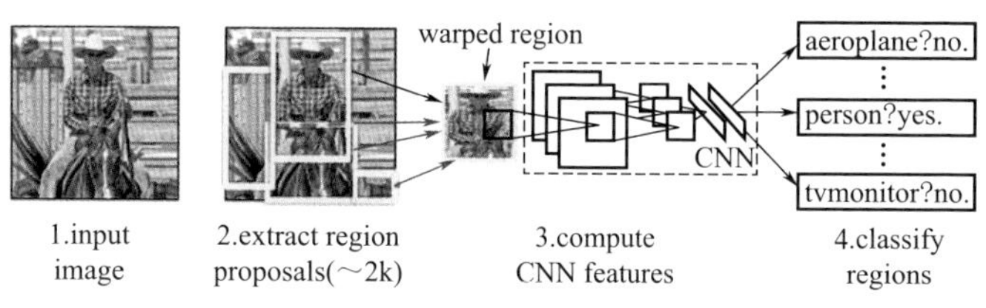

图6.5　R-CNN网络结构

（input image：输入图像；extract region proposals：提取区域方案；warped region：变形区域；compute CNN features：计算CNN特征；classify regions：分类；aeroplane：飞机；person：人类；tvmonitor：显示器）

（1）区域提议

依据目标检测思路，第一步就是要生成合适的识别区域，原始方法是滑动窗口从左上角往右下角移动，然后再把每个窗口截取的图像输入到CNN里面进行分类，从而确定目标位置。这样不仅消耗时间和算力，而且有很大一部分框图上面连目标都没有，可见将它们输入到CNN训练是毫无意义的。

为了解决这个问题，R-CNN横空出世，提出了候选区域的思想。R-CNN使用选择性搜索算法（selective search，SS）来获取候选框，它主要利用图像的纹理、边缘、颜色等信息，预先找出图中目标可能出现的位置。具体步骤如下：

① 将图片中的每一个像素作为一组，然后计算每个像素的纹理；

② 将相近的组合起来，形成更大的像素组，然后继续合并各个像素组；

③ SS选取的检测框大小都不一样，然后，得到不同尺寸的候选框

（约2000个）；

④ 最后只对这些区域进行滑动窗口处理，这样就解决了算法太慢、算力浪费的问题。

（2）特征提取

有了合适的候选框图，接下来就把它们输入到CNN中进行特征提取。由于R-CNN应用的网络结构是AlexNet，因此要求每个候选框都需要缩放到固定大小，具体步骤如下：

① 在候选框周围加上16的padding，即在候选框的每一边延伸出16像素的空间，这样做通常是为了包含更多的上下文信息，或者是保持目标对象的完整性。再进行各向异性缩放，获得227pixel×227pixel的标准图像；

② 将标准图像输入到训练好的AlexNet网络中，经过5层卷积层和3层全连接层，获得4096维的特征；

③ 由于输入了2000张标准图片，所以最终获取的是2000×4096维的矩阵。

（3）区域分类

将2000×4096维特征与20个SVM组成的权值矩阵（4096×20）相乘，获得2000×20维矩阵，表示每个建议框是某个目标类别的得分。每个目标有多个候选框，每个候选框都有目标概率值。原则上，一个目标只对应一个候选区域，那么如何去除冗余的候选区域框，保留最好的一个？这里使用非极大值抑制来解决以上问题。

先引出一个概念，*IoU*（intersection over union）表示$(A\cap B)/(A\cup B)$，即图像A和图像B的交集与并集的比值。非极大值抑制的思路就是选取那些领域里分类数值最高的，并且抑制那些分数值低的候选框，反复操作，

就找到了最好的一个。具体如下:

① 首先选出每个目标得分最高的候选框，计算其与周围候选框的IoU值;

② 依据经验设置阈值为0.5（通常为0.3~0.5），比较两两区域的IoU与阈值的关系:

a.当$IoU>0.5$，表示两框重叠率高，可能是同一目标，保留分类概率高的候选框;

b.反之，当$IoU<0.5$，则可能是不同目标，将它与其他候选框再做对比;

c.反复操作，遍历所有候选框，去除相近但概率相对低的候选框，保留不同目标但概率最高的候选框，我们称它为建议框。

（4）边框修正

通过上面步骤得到候选框。由于现实中目标形态各异，大部分情况下候选框并不会完全包围目标，这时候就需要做出边框修正。使用边框回归算法（bounding box regression）对候选框进行微调，简单来说就是两个操作：平移和缩放。

首先设计一个回归器，将候选框上提取的特征向量作为输入，寻找一种关系使得输入候选框P经过映射f，得到一个跟真实窗口G更接近的回归窗口$\hat{G}$，公式如下:

$$\hat{G}_x = P_w d_x(P) + P_x \tag{6-7}$$

$$\hat{G}_y = P_h d_y(P) + P_y \tag{6-8}$$

$$\hat{G}_w = P_w \mathrm{e}^{d_w(P)} \tag{6-9}$$

$$\hat{G}_h = P_h e^{d_h(P)} \tag{6-10}$$

关于回归器的具体训练方法，可以在机器学习方面找到相关介绍，这里不再展开。然后对于每个类，都训练一个线性回归模型，再输入建议框提取的特征向量，预测出每个已识别区域的边界框。

（5）结论

由于通过搜索算法生成的候选区域大小不一，为了与AlexNet兼容，R-CNN无视候选区域的大小和形状，统一变换到227×227的尺寸。这不仅增加了计算量，还使特征产生畸变，直接影响了算法的性能。R-CNN结构分散（非端到端），三大模块即区域提取模块、特征提取模块和分类模块是分别训练的，并且在训练的时候，对于存储空间的消耗很大。训练、测试阶段速度都很慢，因此无法做到实时检测。

因为历史局限性，R-CNN虽然存在上述缺点，但它的开创性也是不可否认的，在后续研究中，人们也在不同方面有了突破。本章接下来便介绍一系列基于R-CNN的改进算法。

6.3.2 SPP-Net

上节内容提到R-CNN采用AlexNet时需将候选框强行调整至统一尺寸，这限制了输入图像的大小和横纵比，不利于更好地识别图像。针对这一缺陷，究其原因，可以发现真正对图片大小有要求的是全连接层，它要求图像输出的维度是固定的。于是在2014年，何凯明基于R-CNN作出改进，提出了在全连接层前增加SPP-Net（spatial pyramid pooling networks，空间金字塔池化网络）的方法，对特征进行池化，产生固定维度的特征图，如图6.6所示。

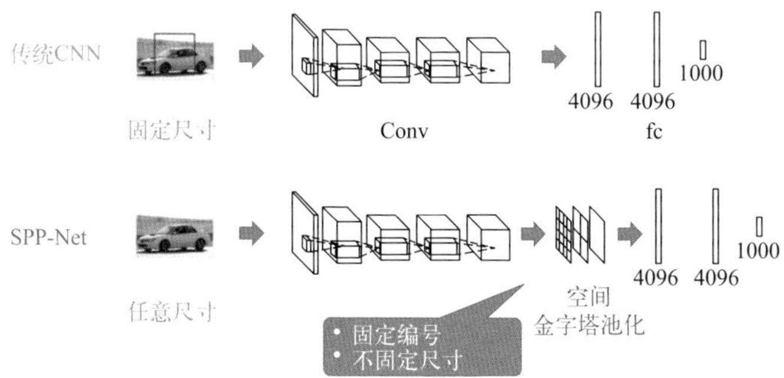

图6.6 传统CNN与SPP-Net网络结构对比

经过测试，SPP-Net计算卷积特征的速度比R-CNN快30 ～ 170倍，整体速度快24 ～ 64倍，并在ImageNet 2014的比赛中，获得检测任务第二、分类任务第三的优秀成绩。有了SPP-Net的加入，只需要在整张图片上运行一次卷积网络层（不关心窗口数量），直接在特征图上抽取特征，就大大节省了算力，缩减了耗时。SPP-Net主要通过两点改进来进行优化，下面进行详细介绍。

（1）减少卷积运算

① 卷积过程。上小节提到，在R-CNN中，通过SS算法得到2000个候选区域后，经过裁剪缩放以后输入CNN网络进行特征提取，需要进行2000次卷积运算。而SPP-Net在一开始就把整张图片做卷积运算，得到一个特征图，再将2000个候选区域一一映射到特征图中，即所有候选区域共享一个特征图。两者特征提取对比如图6.7所示。

② 映射过程。原始图片一边经过CNN变成特征图，一边通过SS算法得到候选区域，现在需要找到一种关系，将原始图片候选区域映射到特征图中的特征向量。假设坐标点（X，Y）表示原输入图片上的点，（x，y）为特征图上对应的点，则:

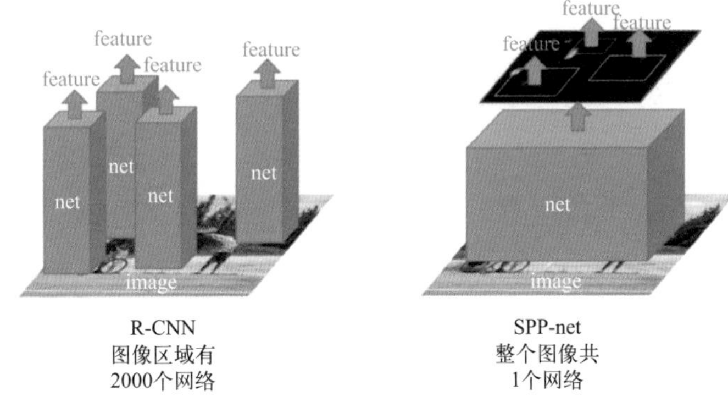

图6.7 传统CNN与SPP-Net特征提取对比

（feature：特征；image：图像）

$$x=\left(X/S\right)+1, y=\left(Y/S\right)+1 \tag{6-11}$$

式中，S是CNN中所有stride的乘积，包括卷积、池化的stride。

（2）增加SPP层

加入SPP层的主要目的就是将特征图上对应的特征区域的维度统一化，使其满足全连接层的输入要求。所谓空间金字塔池化，就是沿着金字塔底端向顶端一层一层做池化。假设原图输入是224×224，对于Conv5出来后的输出是13×13×256的，可以理解成有256个这样的filter（过滤器），每个filter对应一张13×13的reponse map（响应图）。如果将reponse map分成1×1（金字塔底座）、2×2（金字塔中间）、4×4（金字塔顶座）三张子图，分别做max pooling（最大池化）后，出来的特征就是（16+4+1）×256维度。如果原图的输入不是224×224，出来的特征依然是（16+4+1）×256维度。这样就实现了不管图像尺寸如何池化，输出永远是（16+4+1）×256维度，再将其输入全连接层进行分类后输出，其结构如图6.8所示。

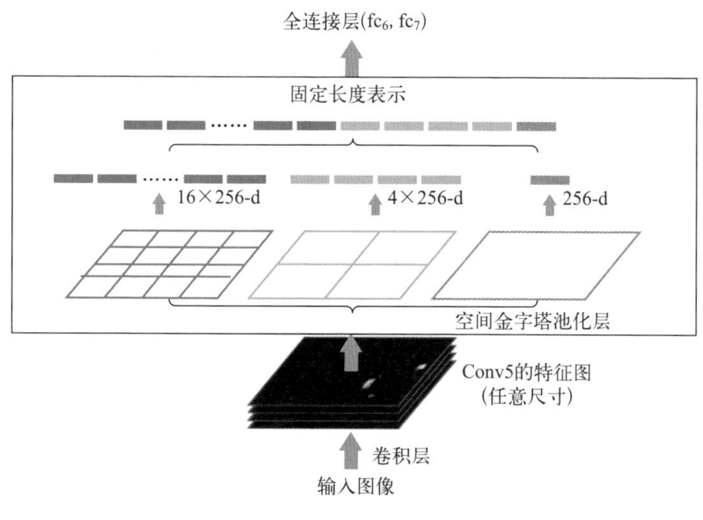

图6.8 SPP层结构

（3）结论

SPP-Net在R-CNN的基础上做出改进，开创性地确立了图像与特征之间的另一种关系，大大减少了运算时间，也为后续Fast R-CNN带来了启发。而分类器还是SVM，不能端到端训练，导致训练过慢、效率低；保持分阶段训练，训练复杂，需占用大量内存，这些都说明SPP-Net还有很大的改进空间。

6.3.3 Fast R-CNN

Fast R-CNN又基于SPP-Net做了一些改进，在保证效果的同时提高了效率。据测试，基于VGG16的Fast R-CNN模型，它的训练速度比R-CNN快约9倍，比SPP-Net快约3倍；测试速度比R-CNN快约213倍，比SPP-Net快约10倍。它的流程更为紧凑，大幅提高了目标检测速度。它的两大创新为：

① 简化SPP-Net的池化思想，提出了ROI池化层；

② 在R-CNN的基础上将检测框回归整合到了神经网络中，大大提升了效率。

（1）网络结构

结构如图6.9所示，与上一小节一样，一边通过SS算法提取候选框，一边将整张图片输入到CNN卷积网络得到特征图，再把候选框都映射到特征图中。然后通过ROI池化层和全连接层到多任务处理模型，输出类别置信和边框回归参数。

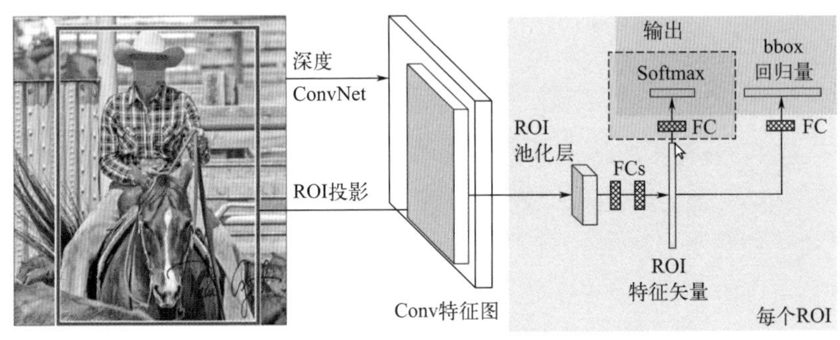

图6.9 Fast R-CNN网络结构

（2）ROI池化层

ROI池化层和SPP-Net类似，同样是为了使网络能够适应各种尺寸的图像输入，将其添加在特征图与全连接层之间。它的工作原理如图6.10所示。

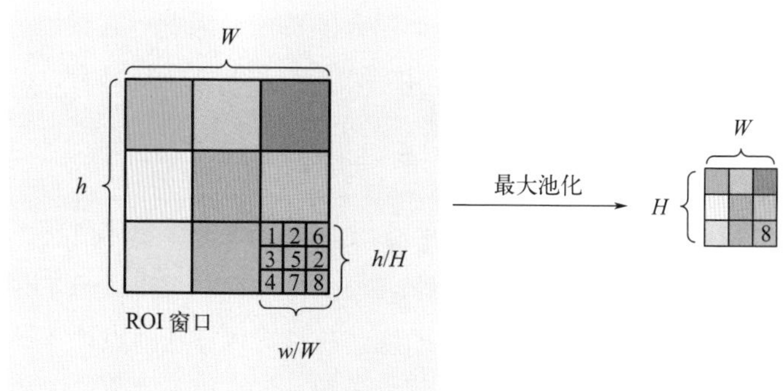

图6.10　ROI池化层原理

ROI最大池化将一个大小为$h \times w$像素的窗口（提议区域）分成一个大小约为$(h/H) \times (w/W)$像素的$H \times W$子窗格。它在每个子窗格中应用最大池化以生成与第一个全连接层兼容的固定空间范围的$H \times W$。例如，当使用VGG16进行实验时，使用了$H \times W = 7 \times 7 = 49$，这与VGG16的第一个全连接层兼容。ROI池化独立地应用于每个特征映射通道，就像标准最大池化，可以理解为将ROI池化视为在每个子窗口中选择代表性特征值的简单最大池化，使用简单的最大池化有利于通过ROI池化层进行反向传播。

（3）多任务处理

得到指定尺寸的ROI特征图后，经过全连接层展平得到ROI特征向量。并联两个全连接层，其中一个用于目标概率的预测，另一个用于边界框回归参数的预测，因此它们有两个损失函数。实验表明，经过合并的多任务处理模型不仅能共享卷积特征，而且相互促进，提高了效率。

$$Loss = L_{class} + \lambda L_{bbox} \tag{6-12}$$

分类器的损失是真实类别T的负对数概率。直观上，如果真实类别的概率非常小，那么对数将是一个巨大的负值，因此，它乘以 - 1。当Softmax产生更低的真实类别概率时，结果是更高的损失。

$$L_{class}=-\log P_T \tag{6-13}$$

边框回归使用了鲁棒损失（平滑$L1$损失）来计算物体位置（矩形区域）预测的损失。鲁棒损失大多是$L1$损失，但在$L1$损失小于1时，会变成$L2$损失。因此，它具有平滑的曲线，并且可以在任何点计算导数。虽然$L2$损失可能是回归模型的典型损失函数，但它对异常值过于敏感，并且很难调整学习率。

$$L_{bbox}=\sum_{i\in\{x,y,w,h\}} smooth_{L1}\left(T_i,V_i\right) \tag{6-14}$$

$$smooth_{L1}\left(T_i,V_i\right)=\begin{cases}0.5\left(T_i-V_i\right)^2, & \left|T_i-V_i\right|<1\\ \left|T_i-V_i\right|-0.5, & \text{其他}\end{cases} \tag{6-15}$$

（4）结论

在R-CNN中专门训练了SVM分类器用于对候选区域进行分类，又专门训练了回归器对候选区域边界框进行调整，但是在Fast R-CNN中把这些功能结合在一个网络中，这样就不需要分别训练了。由于候选框的提取还是通过搜索算法，并且只能在CPU中运行这个算法，所以这个阶段不可避免地消耗了大量时间。

6.3.4 Faster R-CNN

Faster R-CNN由作者Ross Girshick在2015年发布，延续了上一代ROI

池化层生成固定维度特征向量的办法，在改进中最大的亮点就是用区域生成网络RPN代替SS算法，既可以在GPU下运行，又是利用CNN网络，这样就实现了端到端模型，使得检测算法大幅提升，做到实时检测，其结构如图6.11所示。从结构上看，Faster R-CNN可以简单看作区域生成网络加上Fast R-CNN的系统，用区域生成网络替换原来的SS算法，所以本小节内容重点介绍区域生成网络这个结构。

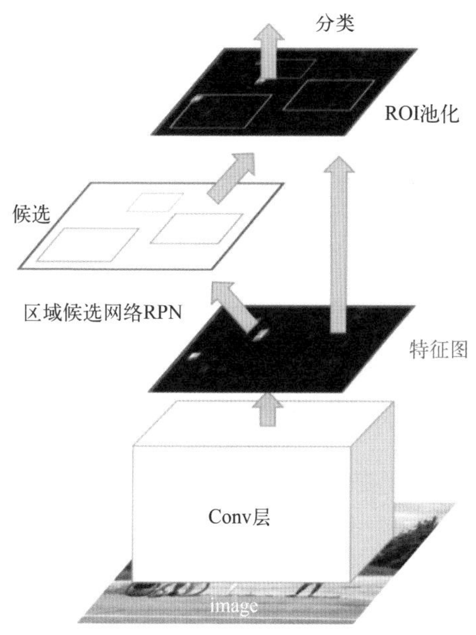

图6.11 Faster R-CNN网络结构

（1）区域候选网络RPN

RPN（region proposal network），即区域候选网络，用于生成候选框，具体要求有两个，一个是生成的候选框里有物体，另一个是使候选框尽可能地包裹住物体，以便下一步能更好地预测目标所属的类别以及微调边框。

在介绍RPN之前，先介绍锚框anchor这一设定，如图6.12所示。它是人为设计的假想框，设置不同尺寸及长宽比，以一定步长遍历整个特征图，目的是覆盖图像上各个位置各种大小的目标。依据经验，每个位置设置9个anchor，在尺寸上分别为128、256、512，在长宽比例上分别为1∶1、1∶2、2∶1。

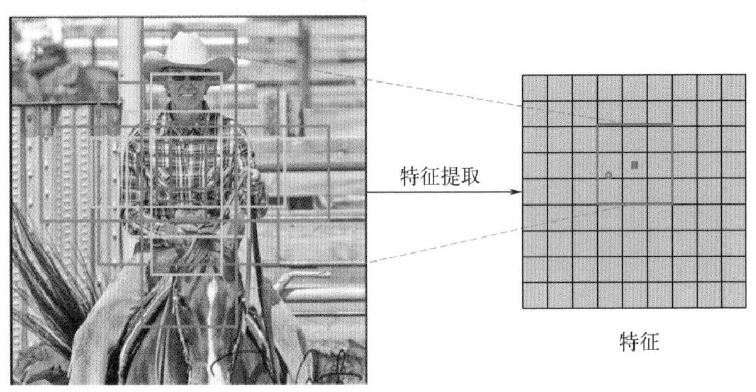

图6.12　锚框anchor示意图

接下来，了解RPN的工作内容。如图6.13所示，RPN在特征图上首先用3×3卷积进行更深的特征提取，然后利用1×1卷积分别实现分类和回归。结构有两条线，如图6.13所示，上面一条通过Softmax分类，输出当前anchor为前景和背景的概率，每一个特征点上有9个anchor，则一共输出9×2=18个概率；下面一条用于计算对于anchor的边框回归偏移量，输出x、y、w、h的四个偏移量，即一共输出9×4=36个。最后汇总到候选层，剔除概率太小和超出边界的候选框，依据偏移量修正候选框，配合目标概率值，完成目标定位的功能，获得约2000个候选框。

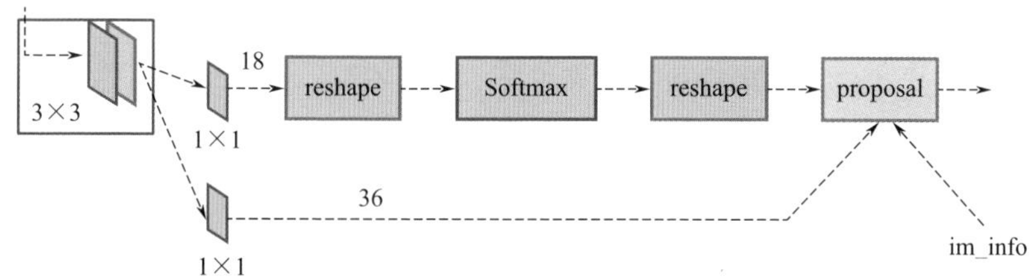

图6.13　RPN结构示意图

（reshape：改造；proposal：候选）

（2）训练与损失函数

在目标检测的训练阶段，样本的选择非常重要。通过在整个图像上遍历并生成数以千计的锚点（anchors），算法能够学习如何区分不同的目标和背景。这些锚点作为预测框的候选项，通过与真实标注框（ground-truth boxes）的比较来确定它们是正样本还是负样本。

对于正样本的定义，通常分为以下两种情况。

· 第一种情况：如果某个anchor与任一ground-truth box的交并比（IoU）超过0.7，则该anchor被定义为正样本。这意味着该anchor与真实目标有很高的重叠度，适合作为模型学习的正面例子。

· 第二种情况：对于每个ground-truth box，即使所有与之相关的anchors的IoU都没有超过0.7，也会将与它IoU值最大的那个anchor标定为正样本。这确保了每个真实目标至少有一个对应的正样本，这对于学习是必要的。

而负样本的定义为：与所有事先标注的ground-truth box的IoU都不超过0.3的anchors被定义为负样本。这意味着这些anchor与任何真实目标的重叠都很少，适合作为模型学习的负面例子。

用于训练RPN的每个小批量都来自于单个图像。从该图像中抽取所有的anchor会导致学习过程偏向负样本，因此会随机选择128个正样本和128个负样本来形成小批量，如果正样本数量不足，则会填充额外的负样本。确定样本以后，来了解其损失函数，公式如下：

$$L\left(\{p_i\},\{t_i\}\right)=\frac{1}{N_{cls}}\sum_i L_{cls}\left(p_i\ ,p_i^*\right)+\lambda\frac{1}{N_{reg}}\sum_i p_i^* L_{reg}\left(t_i\ ,t_i^*\right) \quad (6\text{-}16)$$

式中，i是小批量中anchor的索引；分类损失$L_{cls}(p_i,p_i^*)$是两个类别（物体vs非物体）的对数损失，p_i是anchor中i的分类分支的输出分数，而p_i^*是groundtruth标签，为1或0。

对于边框回归函数，仅在anchor实际包含一个物体时激活，即groundtruth p_i^*为1。t_i是回归层的输出预测，由4个变量$[t_x,t_y,t_w,t_h]$组成，具体公式如下：

$$t_x=\left(x-x_a\right)/w_a\ ,t_y=\left(y-y_a\right)/h_a \quad (6\text{-}17)$$

$$t_w=\log\left(w/w_a\right),t_h=\log\left(h/h_a\right) \quad (6\text{-}18)$$

$$t_x^*=\left(x^*-x_a\right)/w_a\ ,t_y^*=\left(y^*-y_a\right)/h_a \quad (6\text{-}19)$$

$$t_w^*=\log\left(w^*\ /w_a\right),t_h^*=\log\left(h^*\ /h_a\right) \quad (6\text{-}20)$$

这里的x、y、w、h对应于框中心的（x, y）坐标和框的高度h与宽度w。x、x_a、x*分别代表预测框、anchor锚框和其相应的groundtruth边界框的坐标。请记住，k=9个锚框有不共享权重的不同回归器。因此，对于1个anchor$_i$，回归损失应用于其相应的回归器（如果它是正样本）。

（3）结论

从R-CNN到SPP-Net，再到Fast R-CNN，发展趋势如图6.14所示。

可以看到网络改进的趋势便是尽量地减少计算量，同时节省运行空间。而到了Faster R-CNN则做到了这一点，使得目标检测的四大基本步骤（生成候选区域、特征提取、分类、边框修正）融合到一起，成为了两阶段目标检测模型中的典型代表。

图6.14　R-CNN系列发展趋势

6.4
基于区域的单阶段目标检测方法

为了更好地学习单阶段检测算法，我们先回顾一下两阶段检测算法。两阶段检测（two-stage detection）是一种分两个阶段完成目标检测的方法，首先使用一个网络定位候选目标，然后使用另一个网络对这些候选目标进行分类。两阶段检测算法模型大，检测速度也不足以让项目落地。所以业界又提出了单阶段检测（single-stage detection），即在一个网络中完成目标的定位和分类的方法，它的目标是在给定的输入图像中检测所有目标，并且预测出它们的类别。两阶段检测通常更准确，而单阶段检测通常更快，因为它在一个网络中处理所有信息，并且不需要进行两个分开的任务（如定位和分类）。

单阶段检测的主要思路如下：均匀地在图片的不同位置进行密集抽

样，抽样时可以采用不同尺度和长宽比，然后利用CNN提取特征后直接进行分类与回归，整个过程只需要一步，所以其优势是速度快，但是，均匀地密集采样的一个重要缺点是训练比较困难，这主要是因为正样本与负样本（背景）极其不均衡（参见Focal Loss），导致模型准确度稍低。

6.4.1 SSD

SSD即single shot multibox detector，从名字上的single shot不难看出它是一个one stage的检测算法，而multibox表明了SSD是多况预测。SSD算法由作者Wei Liu在ECCV 2016上发表的论文提出，对于输入尺寸300×300的网络，使用Nvidia Titan X在VOC 2007测试集上达到74.3%mAP以及59FPS；对于512×512的网络，达到76.9%mAP，超越了当时最强的Faster R-CNN（73.2%mAP），达到了真正的实时检测。下面进行详细展开说明。

（1）三大特点

① 采用多尺度特征图用于检测。对于神经网络，浅层的特征图包含了较多的细节信息，更适合进行小物体的检测；而较深的特征图包含了更多的全局信息，更适合大物体的检测。因此，通过在不同的特征图上对不同尺寸的候选框进行回归，可以对不同尺寸的物体有更好的检测结果。

② 设置了多种先验框，如图6.15所示。SSD借鉴了Faster R-CNN中anchor的理念，每个单元设置尺度或者长宽比不同的先验框，预测的边界框（bounding boxes）是以这些先验框为基准的，在一定程度上减小了训练难度。一般情况下，每个单元会设置多个先验框，其尺度和长宽比存在差异，如图6.15所示，可以看到每个单元使用了4个不同的先验框，

图片中猫和狗分别采用最适合它们形状的先验框来进行训练。

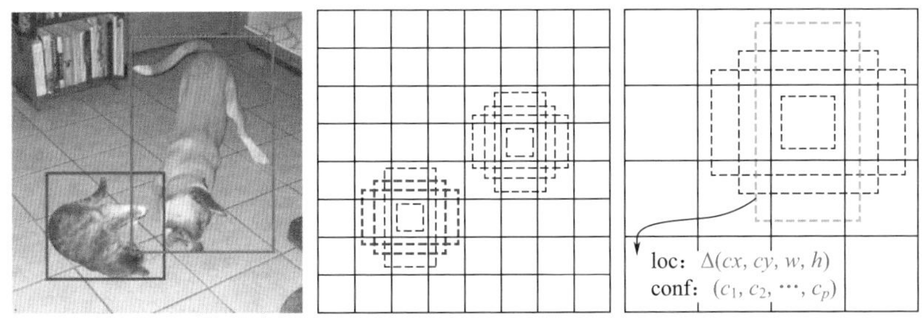

图6.15　先验框示例

③ 引入数据增强。数据增强是一种机器学习技术，用于增加有限数据集的大小，使训练更加准确且有效。它的原理是通过旋转、翻转、剪切、改变颜色等技术，将同一类别的有限图像变换为更多变换后的图像，这些变换的目的是使模型能够从多个角度来理解数据。SSD网络正是引入了数据增强，使得模型的准确率大大提高。

（2）具体办法

① 网络结构。如图6.16所示，SSD的骨干网络是基于传统的图像分类网络，采用了vgg16的部分网络作为基础网络，将其最后的FC层改为

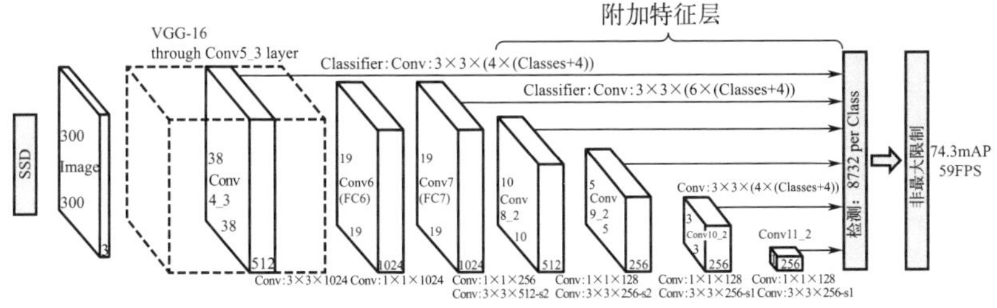

图6.16　SSD网络结构

卷积层，并增加4个卷积层，得到多尺度的特征图。下一步，再对特征图进行回归，得到物体的位置和类别。

② 损失函数。目标整体损失函数是定位损失（loc）和置信损失（conf）的加权和：

$$L(x,c,l,g)=\frac{1}{N}\left[L_{\text{conf}}(x,c)+\alpha L_{\text{loc}}(x,l,g)\right] \tag{6-21}$$

式中，N是匹配的默认框数，如果N=0，则损失设置为0；α参数用于调整定位损失与置信损失和位置损失之间的比例，默认为1。

$$L_{\text{conf}}(x,c)=-\sum_{i\in Pos}^{N} x_{ij}^{p}\log\left(\hat{c}_i^{p}\right)-\sum_{i\in Neg}^{N}\log\left(\hat{c}_i^{0}\right),\hat{c}_i^{p}=\frac{\mathrm{e}^{c_i^{p}}}{\sum_{p}\mathrm{e}^{c_i^{p}}} \tag{6-22}$$

式中，i指代搜索框序号；j指代真实框序号；p指代类别序号，p=0表示背景。

$$L_{\text{loc}}(x,l,g)=\sum_{i\in Pos}^{N}\sum_{m\in\{cx,cy,w,h\}} x_{ij}^{k}\,smooth_{L1}\left(l_i^{m}-\hat{g}_j^{m}\right) \tag{6-23}$$

$$\hat{g}_j^{cx}=\left(g_j^{cx}-d_i^{cx}\right)/d_j^{w},\ \hat{g}_j^{cy}=\left(g_j^{cy}-d_i^{cy}\right)/d_j^{h} \tag{6-24}$$

$$\hat{g}_j^{w}=\log\left(\frac{g_j^{w}}{d_i^{w}}\right),\hat{g}_j^{h}=\log\left(\frac{g_j^{h}}{d_i^{h}}\right) \tag{6-25}$$

定位损失只针对正样本进行损失计算，其中l_i^m是预测的第i个正样本的回归参数，$\hat{g}_j^m$是第i个正样本相对于其匹配的第j个ground truth的回归参数。

③ 匹配策略。在训练时，先标记好的ground truth box与生成的anchor box，按照如下规则匹配：对于每个ground truth，先找到最大IoU的先验框进行匹配；保证每个ground truth都有先验框匹配；对于剩余未

匹配的先验框，如果和ground truth的IoU大于阈值（0.5），则也进行匹配；即一个ground truth可能匹配多个先验框，但是一个先验框最多匹配一个ground truth。为了保证正负样本均衡，对负样本进行抽样，即选取误差最大的top-k作为训练的负样本，保证负样本的比例接近1 ∶ 3。

（3）结论

SSD开创性地使用多尺度特征进行目标检测，极大地提高了精度，但由于较低层级的特征非线性程度不够，使得对于小尺寸目标的识别能力较差，还达不到Fast R-CNN的水准，仍有很多改进的空间。

6.4.2 YOLO v3

正如其名，它包含53个卷积层，有类似ResNet的跳跃连接，也有类似FPN的3个检测头，这些都使得YOLO v3能够在不同的空间压缩下更快地处理图像。详细说明如下:

（1）三大特点

① 调整了网络结构。YOLO v3受到ResNet和FPN（特征金字塔）网络架构的启发和前版本的延续，提出了新的特征检测网络——Darknet-53，它包含53个卷积层，每个后面跟随着batch normalization层和leaky ReLU层，使用步幅为2的卷积层替代池化层作特征图的降采样处理，有效地阻止了由于池化层导致的低层级特征的损失，同时提高了速度。

② 使用多尺度先验框。为了识别更多的物体，尤其小物体，YOLO v3借鉴了FPN的方法，使用三个不同尺度进行预测。通过使用多尺度的框架，YOLO v3也可以检测更大的对象，并且可以在特定尺度范围内检测

更多的对象。这样做能准确地捕捉到更小的对象，因为可以更精细地分割，而不用担心将更大的对象细分到更小的尺度。

③ 引入多标签分类思想。多标签分类指一个样本或一个检测框中含有多个物体或多个类别，则预测对象类别时不再使用Softmax，改成使用logistic的输出进行预测。这样能够支持多标签对象，比如橘子同时包含食物和水果两个标签。

（2）具体办法

① 网络结构。如图6.17所示，整个框架可划分为三部分，分别为：Darknet-53结构（去除全连接层）、特征层融合结构（concat部分），以及分类检测结构。

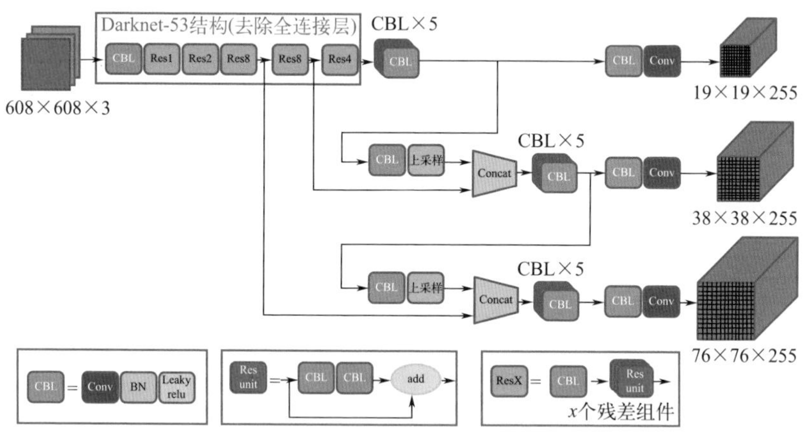

图6.17　YOLO v3网络结构

② 输入映射到输出。如图6.18所示，YOLO v3以3种不同的比例预测框。使用类似于特征金字塔网络的概念，从这些尺度中提取特征。从基本特征提取器中，添加了几个卷积层，最后一层预测了三维张量编码

的边框、目标和类别。在对COCO的实验中，在每个尺度上预测了3个anchor，因此张量是$N\times N\times 3\times$（4+1+80），用于4个边框偏移量、1个目标预测和80个类别预测。

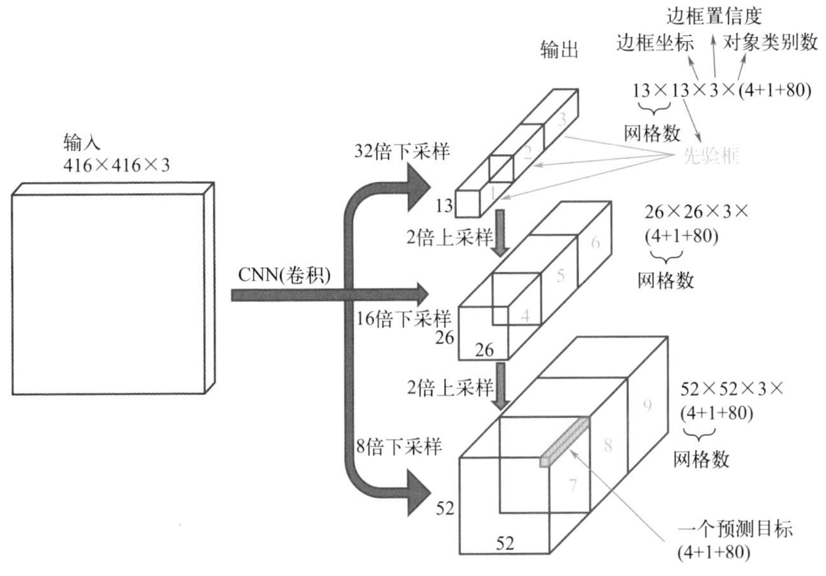

图6.18　输入映射到输出

③ 忽略样本。由于YOLO v3使用了多尺度预测，不同尺度的特征图之间可能会出现重复检测的部分。定义与真实框GT box间的*IoU*最大的anchor box为正样本，则除去正样本后，余下的anchor中，如果有任意一个GT box的*IoU*大于阈值，则为忽略样本，不再产生任何loss。

（3）结论

YOLO v3借鉴了残差网络结构，形成更深的网络层次，以及多尺度检测，提升了*mAP*极小物体检测效果。在当时实现了又快又准的检测效果。YOLO v3整体结构非常稳定，且久经时间的考验，实现了许多落地工程。

6.4.3 RetinaNet

RetinaNet由Facebook AI研究中心和卡内基梅隆大学在2018年提出，它是一种利用深度学习网络进行目标检测的新架构，结合了两种优秀的算法：focal loss和feature pyramid network，解决了现有深度学习检测算法中的“丢失小物体”问题。RetinaNet使用focal loss来有效地解决在一般性深度学习检测算法中出现的大类和小类差异性问题，而feature pyramid network（FPN）可以有效地提高检测细小物体的精度。在发布之前，单阶段算法的检测精度通常低于双阶段算法，但它的准确率非常出色，在Pascal VOC 2007测试集上的表现更好，*mAP*得分达到了77.5%，比模型YOLO v3要高出3.3%。RetinaNet在多种数据集上都表现出色，其中包括COCO、ImageNet、Pascal VOC等。详细说明如下：

（1）两大特点

① 采用FPN生成特征图。在了解FPN之前，需先了解其他特征提取的常用方法，如图6.19所示。

图6.19（a）是一个特征图像金字塔结构，是传统的图像处理中非常常见的一种方法，要检测不同尺度的目标时，将图片送到不同的尺度，比如这里将一幅图片放到四个不同的尺度，然后针对每个尺度图片，都依次通过算法进行预测。那么这里会面临一个问题，就是要生成多少个不同的尺度，就需要重新去预测多少次，这样效率是很低的。

图6.19（b）其实就是Fast R-CNN所采用的一种方式，就是图片

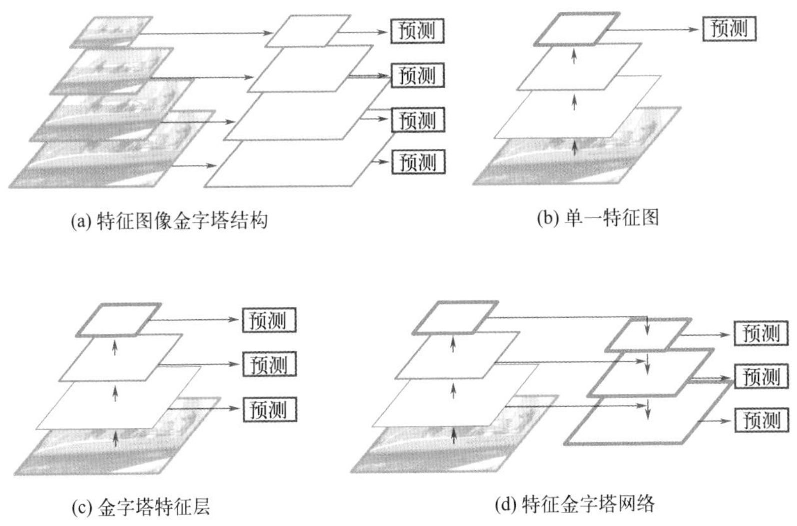

图6.19 特征提取常用方法

通过backbone，将得到最终的一个特征图，然后在这个特征图上进行预测，这个流程虽然比较快速，但它针对我们小目标的预测效果并不理想。

图6.19（c）类似于SSD算法，首先还是将一张图片输入backbone，这里是在backbone正向传播过程中得到的不同的特征图上分别进行预测。

图6.19（d）就是本小节要讲到的FPN结构，它将不同特征图上的特征进行融合，然后在融合之后所得到特征图上再进行一个预测，如图6.20所示。根据实验测试，发现这样做确实有助于提升网络的检测效果。由于经过正向传播的特征图，高层尺寸为低层的一半，所以首先针对backbone上每一个特征图，都先经过1×1的卷积层处理，目的就是调整backbone上不同特征图的通道，然后为了后续进一步融合，高层部分必须进行一次2倍的上采样，保证形状一致。

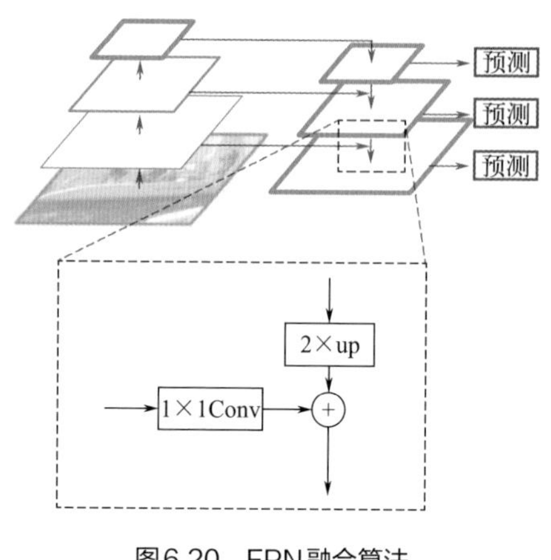

图6.20 FPN融合算法

② 采用Focal Loss。RetinaNet采用的损失函数是Focal Loss，它是在二分类问题的交叉熵（CE）损失函数的基础上引入的。其公式如下所示：

$$FL(p_t) = -(1-p_t)^{\gamma} \log(p_t) \tag{6-26}$$

这里介绍Focal Loss的两个重要性质：第一，当一个样本被错误分类且p_t很小时，调制因子接近于1，损失不受影响，当p_t趋近1时，因子趋近于0，对于分类良好的样本，损失降低；第二，聚焦参数γ平滑地调整易分类示例的降权速率，当γ=0时，FL等同于CE。当γ增加时，调制因子的影响也会增加。在实验中，γ=2效果最好。

（2）具体办法

① 网络结构。RetinaNet是由一个主干网络和两个任务子网络组成的简单同一网络，如图6.21所示，其主干网络为ResNet网络，输入图片后经过前向传播和特征金字塔网络。两个子网络是为单阶段密集型检测而提出的简单设计。

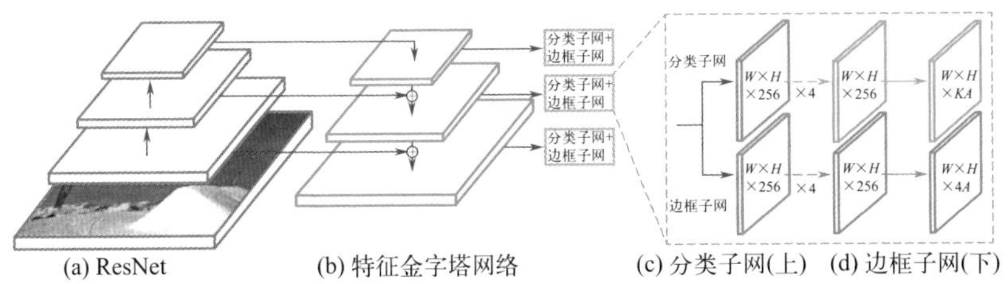

图6.21 RetinaNet网络结构

② 预测器。预测器结构如图6.22所示，需要注意的是针对不同特征层，所使用的预测器为同一个，也就是说权值是共享的。预测器有两个分支，一个是分类子网（class subnet），另一个是边框子网（box subnet），分别预测每个anchor所属的类别和边界框回归参数。

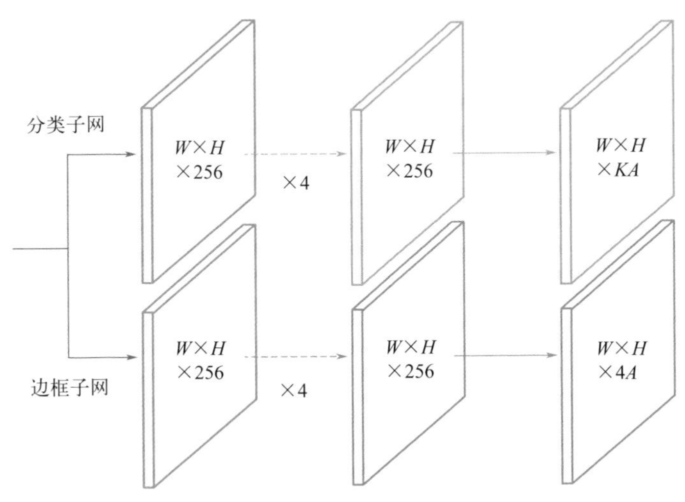

图6.22 预测器结构

③ 正负样本匹配。每个anchor与标记好的GT框进行匹配，IoU大于等于0.5时，标记为正样本；IoU小于0.4时，标记为负样本；IoU在0.4

和0.5之间时，所有的anchor则舍弃，不去使用。

（3）结论

RetinaNet功能局限在图像检测方面，没有涉及更多的计算机视觉任务，如分割、实例分割、姿势估计等。后续发展可以结合当前的深度学习模型，如Transformer，来实现新的模型设计，以提高性能，并开发应用于更多的计算机视觉任务。

6.5 基于深度学习的目标检测算法应用场景

6.5.1 农业领域应用——害虫检测

随着卷积神经网络的飞速发展，基于深度学习的目标检测算法在农业领域也得到了广泛应用。要保证农作物的产量和品质，离不开智能监控系统，智能监控能够监控土壤、空气、作物生长情况、害虫等常见农作条件和问题，以提供便利。早期作物害虫依赖测报人员进行田间诊断，由于人数不足、专业水平参差不齐，导致田间诊断的实施难度高，如今害虫领域涌现出许多优秀的深度学习算法，不仅减少了技术人员对害虫形态学和防治手段等先验知识的依赖，而且进一步提升了检测精度与效率，使田间诊断智能化程度大幅提升。

小目标检测、多尺度检测、密集和遮挡检测问题是当前多数害虫检测算法的研究重点。其中针对小目标的检测算法数量较多，且检测效果较好。

6.5.2　航天领域应用——遥感监测

通常为了获取大尺度地理信息，遥感设备装载于地球外层空间的航天器上，收集对地面目标辐射或反射的电磁波，实现远距离监测陆地、海洋及大气环境信息。遥感图像主要包括可见光图像、全色遥感图像、多/高光谱遥感图像、红外遥感图像、激光雷达图像、合成孔径雷达（synthetic aperture radar, SAR）图像，各有特点与优势。目前，深度学习中生成对抗网络算法可以实现多传感器图像的配准与融合，将单传感器的优势集合起来，为后续图像分析奠定基础。

遥感图像中的目标检测问题，主要在于舰船、飞机等目标。基于YOLO v3网络对SAR图像中舰船目标检测进行训练，其检测精度与检测速度均优于Faster R-CNN算法，且加强了卫星图像中小目标的检测。而改进的YOLO v3算法实现了对机场中飞机的实时检测，针对小目标增加了一个尺度检测，并使用密集相连模块，又通过最大池化加强模块间的特征传递，检测精度达96.26%，召回率为93.81%。由此可见，YOLO单阶段算法在遥感目标检测领域的应用占优。

6.5.3　交通领域应用——车辆检测

随着人工智能技术的快速发展，智能安防领域受到了越来越多的重视。交通视频分析作为安防领域的重要内容，也一直备受关注。交通视频结构化分析涉及车辆检测、车牌检测、车牌识别、图像分类及目标跟踪等问题，主要使用安装在道路上方的摄像头采集视频图像，通过后端服务器对传回的视频流进行分析。车辆检测是典型的目标检测问题。

车辆检测算法所需模型容量大、参数数量多、占用内存多、实时性要求高，难以在智能交通监控场景中适用于算力和内存均有限的边缘设备的问题，车辆检测目前主要采用单阶段算法。比如：基于YOLO v4改进的轻量化车辆检测方法MC-YOLO。平均精度与原YOLO v4算法相近，模型在参数量上比原YOLO v4模型减少了约77%，模型大小仅为55.3MB，较原YOLO v4模型减少了约190MB。基于YOLO v5s改进的机坪特种车辆检测算法，与YOLO v5s相比，改进后算法的精确度提升了1.6%，召回率提升了3.5%，平均精度*mAP*@0.5和*mAP*@0.5:0.95分别有2.3%和3.3%的提升。可见，目前在车辆检测领域，YOLO算法应用比较广泛。

本章参考文献

[1] 涂铭，金智勇. 深度学习与目标检测：工具、原理与算法[M]. 北京：机械工业出版社，2021: 1-8.

[2] 杜鹏，苏统华，王波，等. 深度学习与目标检测[M]. 北京：电子工业出版社，2022: 6-10.

[3] 刘阳，谢永强，李忠博，等. 基于深度学习的目标检测算法研究进展[J]. 通信技术，2021, 54(09): 2063-2073.

[4] 宁健，马淼，柴立臣，等. 深度学习的目标检测算法综述[J]. 信息记录材料，2022, 23(10): 1-4.

[5] 钱承武. 基于深度学习的目标检测算法研究进展[J]. 无线通信技术，2022, 31(04): 24-29.

[6] 侯学良，单腾飞，薛靖国. 深度学习的目标检测典型算法及其应用现状分析[J]. 国外电子测量技术，2022, 41(06): 165-174.

[7] 吕璐，程虎，朱鸿泰，等. 基于深度学习的目标检测研究与应用综述[J]. 电子与封装，2022, 22(01): 72-80.

[8] Girshick R, Donahue J, Darrell T, et al. Rich Feature Hierarchies for Accurate Object Detection and Semantic Segmentation[J]. IEEE Computer Society, 2014.

[9] He K, Zhang X, Ren S, et al. Spatial Pyramid Pooling in Deep Convolutional Networks for Visual Recognition[J]. IEEE Transactions on Pattern Analysis & Machine

Intelligence, 2014, 37(9): 1904-16.
[10] Girshick R. Fast R-CNN[J]. Computer Science, 2015.
[11] Ren S, He K, Girshick R, et al. Faster R-CNN: Towards Real-Time Object Detection with Region Proposal Networks[J]. IEEE Transactions on Pattern Analysis & Machine Intelligence, 2017, 39(6): 1137-1149.
[12] Redmon J, Divvala S, Girshick R, et al. You Only Look Once: Unified, Real-Time Object Detection[C]// Computer Vision & Pattern Recognition. IEEE, 2016.
[13] Berg A C, Fu C Y, Szegedy C, et al. SSD: Single Shot MultiBox Detector: 10.1007/978-3-319-46448-0_2[P]. 2015.
[14] Lin T Y, Goyal P, Girshick R, et al. Focal Loss for Dense Object Detection[J]. IEEE Transactions on Pattern Analysis & Machine Intelligence, 2017, PP(99): 2999-3007.
[15] Law H, Deng J. Cornernet: Detecting objects as paired keypoints[C]// European Conference on Computer Vision. Springer, Cham, 2018.
[16] Tian Z, Shen C, Chen H, et al. FCOS: Fully Convolutional One-Stage Object Detection[C]// 2019 IEEE/CVF International Conference on Computer Vision (ICCV). IEEE, 2020.
[17] Telmo D C J, Rieder R. Automatic Identification of Insects from Digital Images: A Survey[J]. Computers and Electronics in Agriculture, 2020, 178(1): 105784.
[18] Li W, Zheng T, Yang Z, et al. Classification and Detection of Insects from Field Images Using Deep Learning for Smart Pest Management: A Systematic Review[J]. Ecological Informatics: An International Journal on Ecoinformatics and Computational Ecology, 2021(66-): 66.
[19] 蒋心璐，陈天恩，王聪，等. 农业害虫检测的深度学习算法综述[J]. 计算机工程与应用，2023, 59(06): 30-44.
[20] 张官荣，赵玉，李波，等. 基于YOLO v3的SAR舰船图像目标识别技术[J]. 电光与控制，2022, 29(09): 107-110.
[21] 戴伟聪，金龙旭，李国宁，等. 遥感图像中飞机的改进YOLO v3实时检测算法[J]. 光电工程，2018, 45(12): 84-92.
[22] 李奇武，杨小军. 基于改进YOLO v4的轻量级车辆检测方法[J]. 计算机技术与发展，2023, 33(01): 42-48.
[23] 诸葛晶昌，李想. 基于改进YOLO v5s的机坪特种车辆检测算法研究[J/OL]. 计算机测量与控制：1-9[2023-05-13].

第7章 目标识别

MACHINE VISION

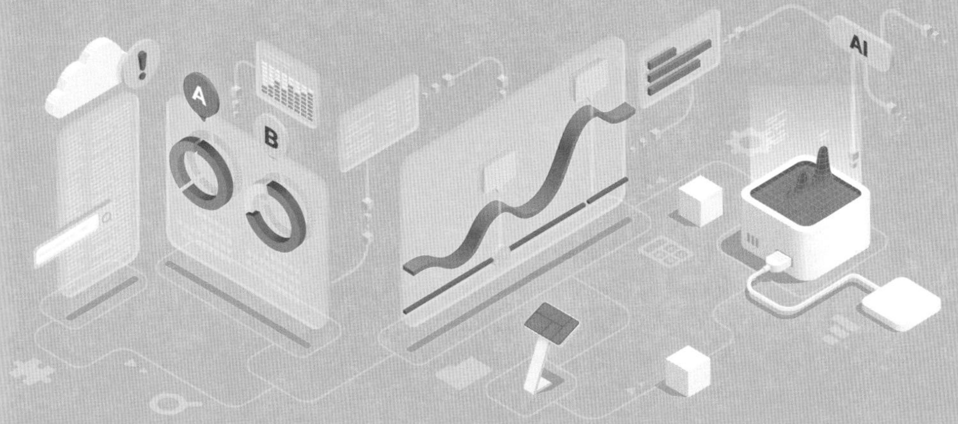

7.1 目标识别技术

7.1.1 目标识别概念

目标识别，是指将某一个目标从其他目标，或某一种类型的目标从其他类型的目标中被区分出来的过程，存在于各个领域。在计算机视觉中，图像的目标识别技术通过对存储信息与输入信息进行比对，实现图像识别。图像原本是事物在人眼中聚焦后的影像，并输入大脑，是人类感知外界环境的重要信息，而借助光学传感器，计算机也可模拟出电子影像并由有限个像素组成，其中每个像素点对应一个或多个值。利用计算机技术对图像处理与分析，可以代替人实现目标识别，甚至更为精确。

目标识别的应用广泛，包括机器人、雷达、生物医学等。在各种智能控制系统中，光学图像作为传感信息输入并进行目标识别，产生不同的输出作用，如无人驾驶系统的避让、人脸识别通过闸机等。在医学领域，精确的目标识别也能提升诊断效率和准确率。

7.1.2 目标识别评价指标

目标识别具有丰富的评价指标，包括准确率、精度、召回率等。不同图像中有或无指定目标，都要被计算机识别出来，这是最简单的二分类问题。在这一过程中，识别正确的样本数在总样本数的占比即为准确率，这是最常见的指标，显然准确率越高，识别效果越好。进一步研究数据，在识别出有指定目标的样本中，真正含有目标的样本数占比为识别的精确度，即精确度越高越“找得准”。而在实际含有指定目标的样本中，被正确识别为含有目标的样本数占比为召回率或灵敏度（true positive rate, TPR），即召回率越高越“找得全”。此外，FPR（false positive rate）指实际不含指定目标的样本中被识别为含有目标的样本数占比，越小越好。

对于一些多分类问题，也可运用以上评价指标，同时也需要适当拓展。为权衡精确度和召回率而决策，将二者的调和平均数定义为F1-score，最大为1，最小为0，即二者地位同等重要。接着，F2-score表示精确度的权重是召回率的2倍，F0.5-score表示精确度的权重是召回率的一半。

7.2 目标识别方法

7.2.1 传统目标识别方法

图像目标识别方法有很多，包括传统的机器视觉方法和深度学习方法。对于传统方法，目标识别过程主要有图像预处理、图像分割和特征提取。

（1）图像预处理

图像预处理是对原始图像进行图像校正、滤波降噪等，以减少外界因素的影响，使图像中的目标信息更容易被提取。

① 图像校正。它主要解决成像失真问题，具体操作有几何校正和灰

度校正。几何校正通过图像的空间坐标变换实现，建立对应点坐标的映射关系，即局部像素的平移、旋转和缩放效果，用来规范成像系统造成的几何畸变。灰度校正针对图像曝光不均匀问题，可采用灰度变换、直方图修正、减去经插值或曲面拟合的背景等方法，突出图像的目标特征。总之，图像校正的基本思路是，建立数学模型，从原始图像中提取重要信息，根据图像失真的原因进行逆变换，以最小误差估算出真实图像。

② 滤波降噪。利用各种滤波技术可抑制图像的噪点，含线性滤波器和非线性滤波器，线性滤波方法有均值滤波、方框滤波、高斯滤波，非线性滤波方法则有中值滤波、双边滤波。滤波器是一个含有加权系数的窗口，将窗口放于图像之上，可以覆盖某些像素点，这些像素点的像素值与滤波器上对应的加权系数相乘并求和，作为滤波操作后窗口中心像素的值，接着平移滤波窗口进行下一像素的运算。其中，均值滤波是将窗口中所有像素值的平均值作为新图像对应的像素值，是最简单的滤波操作，但其不能很好地保护图像细节而产生模糊的效果；方框滤波为窗口内所有像素值之和作为中心像素值，其归一化便是均值滤波；高斯滤波器窗口内的加权系数为二维零均值离散高斯函数，对图像有很好的平滑作用，消除高斯噪声；中值滤波是取窗口中像素值的中位数作为输出像素值；双边滤波则是在高斯滤波的基础上，增加了像素相似度权重，可以在去噪的同时，保留有用的边缘细节。

（2）图像分割

图像分割，就是把一张图像分成不同特定区域的过程，并提取感兴趣区域（region of interest, ROI），即可能被识别的目标区域，主要有基于阈值的分割方法、基于区域的分割方法、基于边缘的分割方法。

① 阈值分割。这是最常用的方法，对一个输入图像赋予阈值，将大于等于这个阈值的像素点与小于阈值的像素点分隔开，形成二值化，即

实现可能目标与背景的分割。它是并行分割技术，单独对每个像素进行计算，计算简单、速度快，但分割精度较低。技术的关键在于阈值的选择，对于背景与物体区别明显的图像，只设定一个阈值，即全局阈值，其不考虑空间特征而容易产生噪声，常用的阈值设定方法有最大类间方差法、最小误差法以及利用灰度直方图的峰谷法等。而一般情况下，在图像的不同地方，物体和背景是不一样的，需要分成若干区域，并设定各自的阈值，此为自适应阈值。

② 区域分割。主要方法有区域生长、区域分裂与合并，属于串行分割技术，分割过程中，当前步骤的处理效果决定后续步骤的进行。区域生长，是对每个待分割出的区域选取种子像素点，然后从种子点出发，在相邻区域内寻找具有相似性质的其他像素点，并纳入种子像素点所在的区域内，直到区域无法再扩展时为止，其中相似性质需要提前定义好判断准则。基于区域生长，分水岭算法也展现出强大的图像分割能力。区域分裂与合并，则是将整个图像在像素级上分裂成若干个子区域，再把属于前景区域的子区域合并，即实现目标的分割提取。

③ 边缘分割。边缘检测是图像分割的重要途径，像素值突变的地带便是区域间的分界，通过边缘也能分割图像。像素值的不连续性可以由差分法检测到，类似于连续函数的梯度，边缘的位置对应一阶导数的极值点以及二阶导数的零交叉点。通常可用的一阶微分算子有Roberts算子、Sobel算子和Prewitt算子，二阶微分算子则有Laplace算子和Kirsch算子等。然而图像的噪声也是像素值突变点，故在边缘检测前需要平滑化图像，Canny算子和LoG算子分别是具有平滑功能的一阶和二阶微分算子，能较好地解决上述问题。

（3）特征提取

对于机器视觉来说，纹理、颜色、边缘及角点等是目标识别所依据的重要特征，而特征提取的效果决定了目标识别的准确率。特征点的主要检测方法有Harris算子、SIFT（scale invariant feature transform）算子、SURF（speeded-up robust features）算子、GLOH（gradient location orientation histograms）算子等，其大多使用局部窗口对像素层级的信号执行运算评估。Harris算子以检测窗口做微小移动后的像素值变化程度为依据，来定位角点；SIFT算子通过某种变换后的极值点检测来定位特征点，其他则是由SIFT算子演变而来。

7.2.2 深度学习目标识别方法

相比于传统机器视觉的目标识别方法，深度学习更像人的“直觉”，注重全局的特征描述，而非简单的指标判定。深度学习目标识别方法以深度神经网络为基础，如全连接网络、卷积神经网络和循环神经网络等，再融入注意力机制等改进算法，从而实现传统方法无法达到的识别效率。深度神经网络的基本结构是感知机，它可以把图像特征经多层网络提取出来并进行整合，接着对预测值和真实值间的损失使用梯度下降法，形成感知学习的效果，而具体的图像识别模型将在下一章介绍。

第8章

深度学习中的目标识别

MACHINE VISION

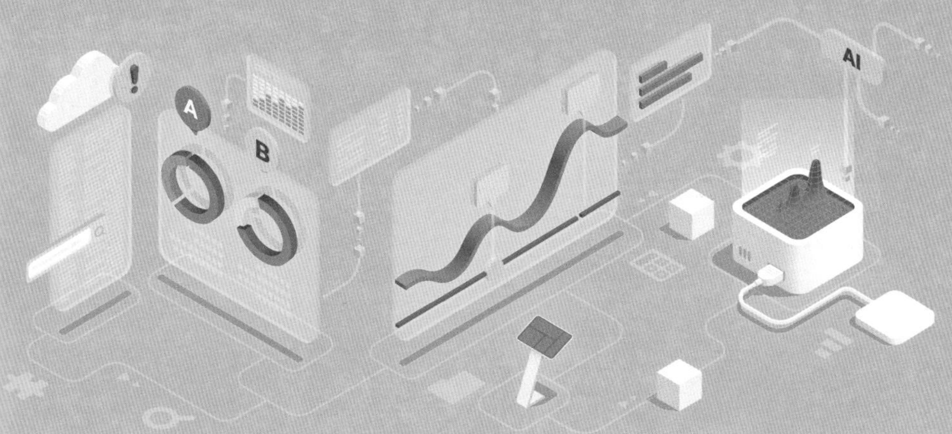

8.1 图像识别模型介绍

自图像特征被用于图像识别领域，并被证明能够充分代表目标以来，研究者就利用它完成各种算法和模型的搭建。早期提出的图像识别模型都是基于人工选取的图像特征完成的，这些特征包括图像的色彩、尺寸和位置关系等。早期基于图像特征的研究，主要包括以下几类：

① 基于图像纹理特征的研究，特征对纹理疏密、粗细等分辨信息存在一定的误差；

② 基于颜色特征的研究，由于颜色无法准确表达图像整体或区域的位置、尺寸等变化，所以以颜色作为特征很难得到局部特征；

③ 基于形状特征的研究，只能描述目标某个局部的固定特征，对于角度、形变等因素没有很好的解决办法。

图像识别领域中的人脸识别作为较早出现，并且拥有较高工业化使用率的应用分支，其研究发展动向就能够反映出早期的图像特征研究的状况，围绕这些特征的识别模型也在相应的应用扩展中存在一定的差别。贯穿于特征研究的算法模型从最大化算法、隐马尔可夫模型，发展到了近期的支持向量机和尺度不变的特征变换算法。随着研究人员对于人工特征的充分挖掘和现有模型的进一步优化，从2009年到2010年，图像识别领域进入一个相对成熟的阶段，此时，优秀模型多以文献或个人实验的综述为主，没有普遍的说服力。因此，研究人员认为需要一个基准来比较与判定现有识别模型的准确性，以加强其说服力。欧洲最早出现了PASCAL VOC物体识别基准测试，提供了20种物品以供识别。这一阶段的研究也逐渐表明，人工提取的特征往往具有很强的不确定性，并不能具备良好的迁移性。因此，在此期间，神经网络这一以机器自动提取特征的模型结构又重新进入了研究人员的视野。这一次由于硬件的快速发展，带来了更为复杂的深度神经网络。随着识别准确率的逐步提高，研究人员意识到20种物品远不能代表真实世界，ImageNet由此诞生。基于ImageNet的每年一次（截止于2017年）的图像识别大赛都会引起国内外该领域研究者们的高度关注。因此，ImageNet的图像识别大赛可以很好地反映图像识别领域各模型的发展。在此项竞赛的见证下，以卷积神经网络为基础的深度神经网络模型被广泛认可和接受，并逐步成为重要的图像识别研究方向。

随着人工标注信息不断规范化和专业化，以及对模型识别精度要求的逐步提高，基于卷积神经网络的图像识别任务按识别粒度大致可以分为图像级目标识别、区域级目标识别和像素级目标识别三类。

在图像级目标识别任务中，只需要关注图像中目标的整体归属类别，而且用于训练的图像数据集的单张图片仅拥有一个或一组预识别目标，同时该目标需要占据图像的主要特征，此时的人工标注方式相对简单，仅需要为每张图像添加特有类别标签。例如，MNIST和CIFAR-10等公共数据集中，每张图像仅包含一个数字或一种实物。因此，图像级目标识别任务主要是完成图像分类工作，随之产生了基于卷积神经网络的图像分类模型，这些模型在分类识别的准确率上已经优于人眼识别，取得了前所未有的成果，并有研究表明，该类卷积神经网络对目标的特征提取优于早期人工特征提取的准确率。但简单的图像分类无法满足实际情况的需要，因为在很多的数字图像中，待识别目标并非占据了图像的主要特征，因此，需要在现有识别模型的基础上进行修改，以保证模型对小目标关键特征的提取，同时添加相关算法来实现图像中目标所在位置的关键区域识别，这就是早期小目标识别任务的内容。研究人员首先利用含有小目标的数据集训练简单的分类模型，再利用随机采样的算法对图像进行区域抽取，将抽取的区域送入训练好的分类模型进行识别预测，根据预测结果对区域筛选和融合，最后将目标区域从整体图像中划分出来完成识别。

由此可见，早期图像级目标识别最多需要两个步骤，即先进行分类识别训练，后进行目标筛选，但是对于小目标而言，此时产生的位置信息识别结果不够精确。因此，为了进一步提高模型的识别精度，拓展模型的应用领域，出现了区域级目标识别，图像数据集更加贴近实际，每一张图包含了多种目标。此时任务更加关注于目标的所在图像的具体位置信息，需要为每一个目标提供专业的人工标注信息，来展示目标的大致尺寸和所在位置，因此，图片的标签多以标注框或标注圈为主。区域级目标识别任务主要是利用这些具有人工标注信息的数据集完成模型训练，从而随之产生了专门用于区域级目标识别的网络模型。这些训练好的识别模型，不但能够给予图像中的每一个目标准确的类别信息，还能够为每一个目标提供相应的标注信息，这个标注信息与人工添加的标注信息精确度基本一致。由此可见，从区域级目标识别模型开始，模型对精确度的要求更多地依赖于人工标注信息的精确度。

随着对区域级目标识别研究的加深，基于真实场景的内容识别对识别精度和粒度的要求达到了像素级别，因此出现了像素级目标识别的图像分割任务，该任务在识别目标的位置信息的基础上更加专注于目标的轮廓信息，因此需要专业人员提供精确到像素的人工标注信息。由此，研究人员最早提出可以将区域目标的识别模型扩展到对每个像素的识别，这样便可以有效解决此类问题，于是出现了最早的像素级目标识别模型。这样的模型能够高精准度地完成像素识别问题，但是结构复杂、训练周期长。随后研究人员在这类模型的基础上提出了全卷积神经网络模型，该模型能够在损失一定精准度的前提下，大大降低训练周期。而基于全卷积神经网络模型提出的U-Net模型，不论在精准度还是训练周期上都取得了较好的效果，成为解决像素级目标识别任务的重要基础模型。

随着基于卷积神经网络的图像识别模型的深入探索，解决图像识别问题也有了较为规范的流程，大致可以分为图像标注、图像增强、模型调整训练和结果评估几个步骤。首先，对于图像标注这一步骤，由于卷积神经网络的图像识别问题更多的是有监督学习问题，因此需要为模型提供学习的目标，相关研究人员往往会使用标注完整的数据集，标注的方式根据目标识别的精度而定，数据集标注的好坏会影响最终的识别结果。图像标注工作需要大批专业人员花费大量的时间，对人力和物力的消耗使得带有标注的数据集难以获得，而且由于数据标注的复杂性以及人工操作的生理特性，总是会出现在大量多目标图像中仅仅标注了部分目标的情况。这些标注中的问题都会给后续的步骤带来影响。其次，图像增强是指利用某种算法对原始图像进行信息的添加或变换，从而突出或掩盖图像中某些特征。使用图像增强的方法能够更好地抽取目标特征，有效地提高识别的准确率。常见的图像增强手段包括：增加数据量，如图像翻转旋转、中心裁剪等方法；提高区域特征，如图像锐化、亮度改变等。再次，在模型调整训练步骤中，对于上面提到的三类识别问题，可以根据目标识别数据集的粒度选择特定的模型，同时将模型按照数据集中目标的特点进行参数调整来完成既定任务。最后，在结果评估过程中，对于不同类型的识别问题，需要用不同的评价指标进行结果评估。图像识别问题以有监督问题为主，同时可以使用矩阵对图像及像素进行准确描述，因此对于图像识别问题往往能够找到合适的评估方法，对解决特定问题的模型进行合理评估。对于图像级目标识别问题，只需要关注目标所在图像的分类结果的正确与否，因此只需通过判定模型对结果分类的准确率来评价模型的优劣；对于区域级目标识别问题，在考虑目标类别准确率的同时，还要考虑标注位置信息的优劣，因此需要通过准确率和识别精度等多重指标进行模型优劣的评估；对于像素级目标识别，需要对每一个像素进行精确判定，因此需要通过精准度、误检率以及漏检率等多个指标进行统一评估。

综上所述，基于卷积神经网络的图像识别会根据识别任务的不同，在三种识别粒度中选择合适的识别模型。因此在确定识别目标粒度的前提下，能够很好地将识别模型适配于多数图像识别任务中，以完成识别工作。

8.2 图像识别模型改进算法

8.2.1 小加权随机搜索算法

假设D为源域数据集，将整个数据集D中的部分数据D'用于MWRS算法，确定图像的属性集合为T'。假设D'中有D_N个元素，T'中有N个元素。D'中元素的形式是（x_i，y_i），$i\in[0,D_N]$。x_i代表图像，y_i代表图像的真实标签。T'中元素的形式是t_i，$i\in[0,N]$。t_i是图像的一个属性。设T是由从T'中选择的几个属性组成的属性组合，用于更改图像的一组属性。为了增加属性组合的复杂度，常用T有5个元素。它们的形式可以表示为：

$$D' = \{(x_i, y_i), i \in [0, D_N]\} \tag{8-1}$$

$$T' = \{t_1, t_2, \cdots, t_N\} \tag{8-2}$$

$$T = \{t_1, t_2, \cdots, t_5\} \tag{8-3}$$

在构造T的过程中，Volpi等人使用一种简单的随机搜索方法来搜索“有害的”属性组合。然而在搜索过程中无法控制搜索方向，这可能会导致对某些组合的搜索过多或过少，从而影响模型的识别效果。为了避免这种现象，提出了一种最小加权随机搜索算法，具体实现过程如下：

① 确定W_i和P_{si}的初始值。T'中的每个属性都指定了一个权重值，参考这些权重值，从T'选择一些属性形成T。在搜索之前，第i个属性的权重值是$W_i=1$，$i\in[1,N]$，具体形式如下：

$$W_1=W_2=\cdots=W_i=\cdots=W_N=1 \tag{8-4}$$

N是T'中的对象总数，可以得到第i个对象被搜索到的概率（P_{si}，$i\in[1,N]$）在初始时是相同的。P_{si}的具体形式如下：

$$P_{s1}=P_{s2}=\cdots=P_{si}=\cdots=P_{sN}=\frac{1}{N} \tag{8-5}$$

② 每次找到属性时，其权重值都会增加1。设第n次T'中第i个属性的权重为W_{sni}，$i\in[1,N]$。W_{sn}（一组权重）的具体形式如下：

$$W_{sn}=\left\{W_{sn1},\cdots,W_{sni},\cdots,W_{snN}\right\} \tag{8-6}$$

则第i个属性在第n时刻的权重概率是P_{wsni}，$i\in[1,N]$，具体计算方法如下：

$$P_{wsni}=\frac{W_{sni}}{W_{sn1}+W_{sn2}+\cdots+W_{snN}}=\frac{W_{sni}}{\sum_{1}^{N}W_{sni}},i\in[1,N] \tag{8-7}$$

权重的概率（P_{wsni}）越大，意味着对应属性被选中的次数越多。为了达到平衡选择的目的，要降低具有大P_{wsni}的属性在下一个搜索过程中被搜索的可能性。换句话说，需要降低其被搜索到的概率。将属性被搜索到的概率定义为P_{ssni}，$i\in[1,N]$。相反，如果属性的P_{wsni}较小，则需要增加其P_{ssni}。

为了表示P_{wsni}和P_{ssni}之间的上述关系，将P'_{ssni}，$i\in[1,N]$定义为P_{ssni}的表达形式。P_{ssni}'和P_{ssni}具有相同的性质，但它们的值不同。将P_{wsni}近似为目标不被搜索的概率的表达形式。相应地，$1-P_{wsni}$被设置为P'_{ssni}，这是属性被搜索到的概率（P_{ssni}）的表达形式。P'_{ssni}的具体计算方法如下：

$$P'_{ssni}=1-P_{wsni}=1-\frac{W_{sni}}{\sum_{1}^{N}W_{sni}}=\frac{W_{sn1}+W_{sn2}+\cdots+W_{sni-1}+W_{sni+1}+\cdots+W_{snN}}{W_{sn1}+W_{sn2}+\cdots+W_{sni}+\cdots+W_{snN}},\quad i\in[1,N] \tag{8-8}$$

因为所有P'_{ssni}的表达式之和不等于1，所以P'_{ssni}不能作为一个事件的概率（此处为P_{ssni}）。但是每个属性的P_{ssni}可以从每个属性的P'_{ssni}在所有属性的P'_{ssni}中的占比获得。具体形式如下：

$$\begin{aligned}P_{ssni}&=\frac{P'_{ssni}}{P'_{ssn1}+P'_{ssn2}+\cdots+P'_{ssni}+\cdots+P'_{ssnN}}\\&=\frac{\dfrac{W_{sn1}+W_{sn2}+\cdots+W_{sni-1}+W_{sni+1}+\cdots+W_{snN}}{W_{sn1}+\cdots+W_{sni}+\cdots+W_{snN}}}{\dfrac{W_{sn2}+\cdots+W_{snN}}{W_{sn1}+\cdots+W_{snN}}+\cdots+\dfrac{W_{sn1}+\cdots+W_{sni-1}+W_{sni+1}+\cdots+W_{snN}}{W_{sn1}+\ldots+W_{snN}}+\cdots+\dfrac{W_{sn1}+\cdots+W_{snN-1}}{W_{sn1}+\cdots+W_{snN}}}\\&=\frac{\sum_{1}^{N}W_{sni}-W_{sni}}{\sum_{1}^{N}\left(\sum_{1}^{N}W_{sni}-W_{sni}\right)},i\in[1,N]\end{aligned} \tag{8-9}$$

③ 根据每个属性的$P_{ssni}(P_{ssn1}$，P_{ssn2}，P_{ssni}，$i\in[1,N])$，具有较小权重的t_i由于具有较大的P_{ssni}，从而容易被搜索到。在多次选择之后，构造属性组合T。通过上述步骤可以看出，MWRS算法能够将搜索方向偏向权重

较小的对象，即被搜索到的次数较少的对象。适当地“忽略”那些权重较大的对象，以达到平衡搜索的目的。

8.2.2　E-S判断方法

E-S判断方法即edge strength criterion，是一种对图像边缘强度的评估标准，是图像识别的重要方法之一。它的目的是评估图像中边缘的强度，以便更好地识别图像中的对象和结构。

为了评估图像中的边缘强度，首先需要对图像进行高通滤波。高通滤波可以检测图像中的边缘，并通过评估每个边缘像素的强度来评估边缘的强度。常见的高通滤波方法包括Sobel算法和Canny算法。

E-S判断方法可以通过以下两种方式之一评估图像中的边缘强度:

第一，直接评估边缘的强度。在这种情况下，E-S判断方法可以直接评估每个边缘像素的强度。例如，可以通过计算每个像素的灰度值的梯度幅值来评估其强度。

第二，使用阈值评估边缘的强度。在这种情况下，E-S判断方法可以通过设定一个阈值来评估边缘的强度。例如，如果一个边缘的强度高于阈值，则它可以被认为是一个强边缘；如果一个边缘的强度低于阈值，则它可以被认为是一个弱边缘。

最终，E-S判断方法可以帮助识别图像中的对象和结构。例如，在图像识别的分割阶段，可以通过识别强边缘来分割图像中的对象；在图像识别的轮廓提取阶段，可以通过识别强边缘来提取图像中的轮廓。

总的来说，edge strength criterion是一种非常有效的图像识别方法，因为它可以以简单易用的方式评估图像中的边缘强度，从而帮助识别图像中的对象和结构。

8.2.3 构造小型卷积神经网络

传统卷积神经网络，内存需求大、运算量大，如我们熟悉的VGG16网络的权重大小接近500MB，ResNet网络152层的权重大概有644MB，导致其无法在移动设备以及嵌入式设备上运行。因此构造小型卷积神经网络十分必要，目前移动端CNN模型主要设计思路有两个方面：模型结构设计和模型压缩，这需要很好地在速度和精度之间做平衡。下面介绍几种常见的小型卷积神经网络。

（1）MobileNet

正如其名，为了解决传统模型无法在移动端应用的问题，MobileNet应运而生，相比传统卷积神经网络，在准确率小幅降低的前提下，大大减少模型参数与运算量。它由Google团队在2017年首次提出，专注于移动端或者嵌入式设备中的轻量级CNN网络，2019年提出的V3版本是更高效也是更流行的一代。下面着重介绍MobileNet中一些重要的思想和方法。

① DW卷积。DW卷积（depthwise convolution）是一种特殊的卷积操作，它比传统的卷积更加高效，可以有效减少参数数量，还可以减少模型的计算量，提升模型的性能。DW卷积的主要特点是每个输入通道只对应一个卷积核，这样核的数量就比传统卷积少得多，比如33个卷积核在3个通道上，就只需要3×3=9个参数，而传统卷积在3个通道上就需要3×3×3=27个参数，在参数数量上DW卷积比传统卷积节省了2倍参数。

② 倒残差结构。普通残差是先经过1×1卷积降维，然后通过3×3卷积，之后通过1×1卷积升维。而倒残差结构（inverted residuals）是先经过1×1卷积升维，然后使用3×3DW卷积，之后通过1×1卷积降维。它从深层的特征抽取开始，然后引入更低级别的特征，以加强模型性能。

③ SE模块。SE（squeeze-and-excitation）模块是MobileNet中用于提高模型性能的一种技术，它通过收缩核特征图中的空间维度来提取其中的关键特征，然后对这些关键特征施加不同权重，以增加网络对特征的认知能力。SE模块可以有效提高模型的准确率，同时减少模型的参数量。

（2）ShuffleNet

ShuffleNet是旷视科技最近提出的一种计算高效的CNN模型，同样是为了在移动端使用，需要做到在有限的计算资源内做到最好的模型精度。ShuffleNet采用了一种称为“通道混洗（channel shuffle）”的技术，它能够有效地提高网络的深度，从而提高网络的准确率。下面展开说明。

① channel shuffle。channel shuffle是一种用于深度残差学习的技术，它可以提高深度残差网络的性能。其工作原理是对特征矩阵的通道进行重新排序，并将每个通道重新排列为新的通道组合，从而增加卷积运算之间的模型复杂度。因此，channel shuffle有助于为深度残差网络提供更好的性能，从而减少训练时间和模型复杂度。

② pointwise group convolution。pointwise group convolution是一种卷积操作，它只考虑每个输入像素点和它的滤波器之间的卷积，而不考虑像素之间的关系。它的目的是将滤波器的输入像素提升到更高维度，以便在卷积操作中有更多的信息进行操作。ShuffleNet中使用的pointwise group convolution可以有效地减少模型参数的数量，从而减少模型的内存占用。

（3）SqueezeNet

SqueezeNet是一种轻量级网络模型，成功达到减少模型参数量并且保持精度的目标。该网络在ImageNet上的精度比肩AlexNet，然而模型的参数量却比AlexNet少50倍，配合模型压缩的算法（deep compression），模型可被进一步压缩至0.5MB。

SqueezeNet中最重要的思想就是Fire-module。Fire-module是SqueezeNet的核心单元，也是其设计策略体现最为集中的点。Fire-module由一层压缩层与一层扩展层的连接组成。压缩层采用1×1卷积结构，同时将通道数按一定比例降低，从而有效减少了卷积核的参数量。在参数量减少的情况下，数据特征被高度压缩，为了确保数据特征不失真，需要将数据复原。因此，在压缩层后添加了扩展层，扩展层结构由一定数量的1×1卷积核与3×3卷积核组成，3×3卷积核采用一定程度的稀疏操作，从而使其可压缩，通道数在压缩层的基础上有一定增加，从而确保了模型能够较大程度地保留特征。

8.2.4 残差网络模型

在传统的卷积神经网络中，输入图像的目标特征信息被逐层提取，增加浅层网络的深度便能提取到更加抽象丰富的信息，网络的表达能力也更加强大。然而，单纯地增加网络深度并不总会提升模型识别的准确率，而当网络层数达到一定深度后，训练集的损失会不降反增。这是由于更深的网络会产生梯度消失或爆炸的问题，即反向传播求导时更容易接近0，阻碍了网络参数的收敛。在如此复杂的网络中，梯度下降法易得到的是局部最优解，而不是全局最优解，从而产生网络退化现象。网络退化产生的问题，就是深层特征图包含的原始图像信息会越来越少。若在网络中浅层输出包含浅层特征图的直接映射，则在更深层的训练中会包含更多的图像特征，那么继续增加网络层数也会让参数持续收敛，这就是残差网络模型的重要思想。

残差网络模型是由一系列残差块所组成的，如图8.1所示。x表示浅层输入，$F(x)$为x经过两层网络且在第二层激活函数之前的输出，$F(x)+x$则代表$F(x)$与x两个张量对应元素值的相加，形成跨层恒等连接，最后经

ReLU 激活函数得到残差块的输出。可见，浅层输入的张量恒等叠加在了深层网络的输出，实现了残差训练的思想。$F(x)$ 可以看作残差趋于 0，对其网络参数使用 L2 正则化后的训练效果更好。

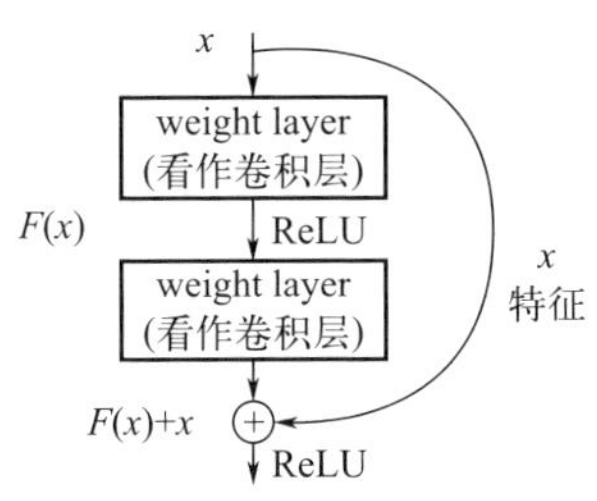

图 8.1　残差块

图 8.1 中，跨层恒等路径的张量加法运算要求 $F(x)$ 与 x 的维度相同，若不同，则需要先对 x 进行 1×1 卷积操作来升采样或降采样，使其维度与 $F(x)$ 相同后再进行计算。其中，1×1 卷积可通过步长调整特征图的尺寸，而卷积核的个数决定特征图的深度。接着，$F(x)$ 残差拟合路径也分为两种：一种有瓶颈（bottleneck）结构称为 Bottleneck Block，另一种没有瓶颈结构则称为 Basic Block，如图 8.2 所示。瓶颈结构中的 1×1 卷积层具有先降维和后升维的作用，可以降低整体计算复杂度。

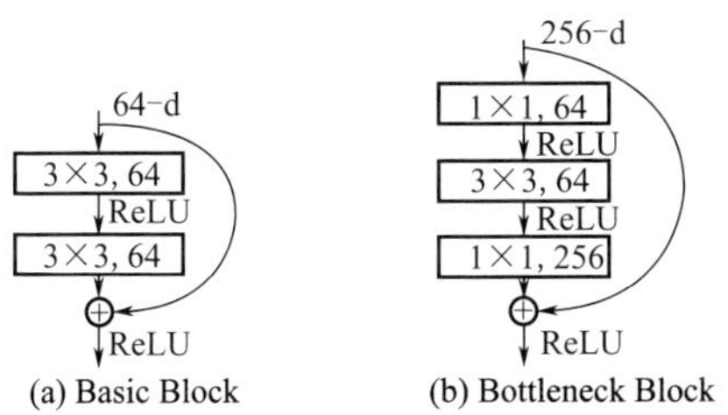

图 8.2　$F(x)$ 残差拟合路径

典型的残差神经网络就是ResNet，其每个残差块的输出都是下一个残差块的输入，经反向传播求导可以传回任意浅层网络，也不会出现梯度消失现象。此外，残差网络模型可以不是卷积神经网络，全连接层作为基础也是可行的，且只是增加跨层路径，计算复杂度与无跨层路径相比不会变化。

8.2.5 融入注意力机制的残差网络识别算法

注意力机制模仿人的注意力而发展起来，人眼通过观察周围的环境将图像传入大脑，这时总会有重点关注到的事物，又选择性地忽略其他信息。在深度学习目标识别领域，注意力机制也发挥着这样的作用，在扫描全局图像后，通过权重增强与标签贴合的目标特征信息，而抑制无用信息，这些权重也会经过小型网络实现学习。如果将注意力机制融入残差网络模型，那么这样的图像识别算法将产生更加强大的感知能力。

最为经典的含注意力机制的残差网络就是squeeze-and-excitation network（SENet），其基本组成模块如图8.3所示。此模块以残差块为基础，通过图中右侧子网络（步骤为全局池化—全连接层—ReLU激活—全连接层—Sigmoid归一化）学习一组权重，每个权重对主网络上层特征图的对应通道值进行加权，其通道数与权重数相等。这样做的意义是统筹不同通道的重要程度，增强特征信息多的通道，而削弱有用信息少的通道。此外，每个样本通过网络都可以得到独有的一组权重，即不同样本通过注意力机制产生的权重也会不同。在这样的模式下，自注意力机制和跨层路径的结合使训练的收敛更加容易。

深度残差收缩网络是另一种结合注意力机制的残差网络，其主要目的是减小图像噪声或冗余信息对目标识别任务的影响。与SENet不同，深度残差收缩网络利用自注意力机制生成阈值，用于对特征图每个通道软阈值化，即收缩。软阈值化法是很多信号降噪的核心，它将绝对值低

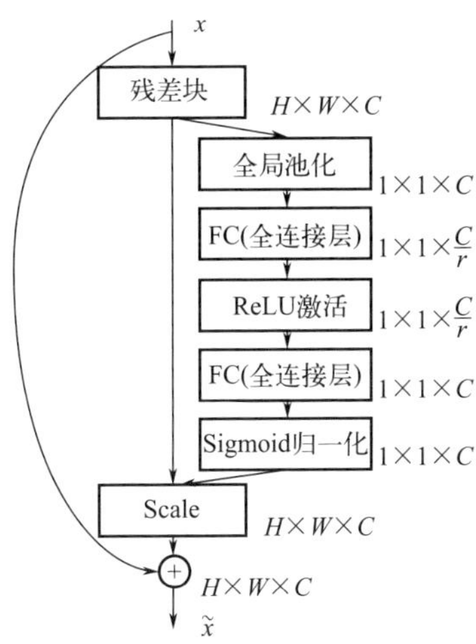

图8.3 squeeze-and-excitation模块

于某个阈值的噪声信号设置为0，将其他输入数据也向0平移收缩，形成软阈值函数，如图8.4所示。软阈值函数在深度学习中也能等效为激活函数，其导数只有两个取值：0和1，有利于反向传播。不一样的样本也应有不同的阈值，因为每个样本的噪声多少都是随机的，这也是运用注意力机制自动获取阈值的原因。

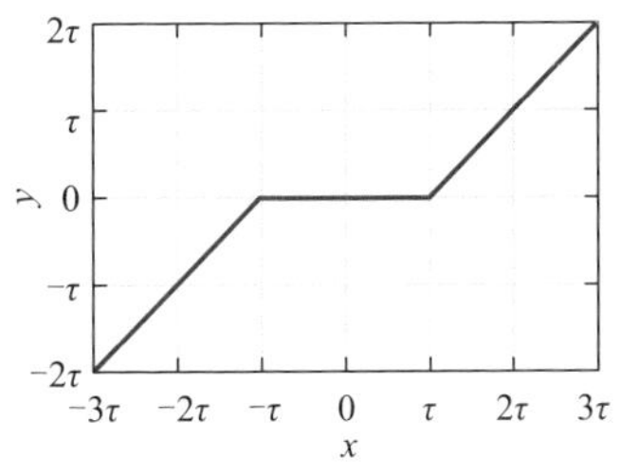

图8.4 软阈值函数

深度残差收缩网络的自注意力机制也是由子网络实现的，其子网络分为两种：一种是通道之间共享阈值的深度残差收缩网络（deep residual shrinkage networks with channel-shared thresholds, DRSN-CS），另一种称为逐通道不同阈值的深度残差收缩网络（deep residual shrinkage networks with channel-wise thresholds, DRSN-CW），如图8.5所示。二者最初分别取绝对值并全局均值池化，然后DRSN-CS分为两条支路，一条取平均值，而另一条经过全连接网络得到一个归一化的权重，二者相乘生成一个阈值，特征图的所有通道将以这个阈值进行软阈值化操作；DRSN-CW也分为两条支路，一条不变而另一条也经过全连接网络得到归一化的一组权重，二者对应元素相乘生成一组阈值，每个阈值对特征图的逐个通道实现软阈值化。这样的处理保证了阈值为正数，且不会超过特征图元素的最大值，符合降噪操作的合理性。我们注意到，跨层路径也将噪声信息传递到了深层特征中，但是每个残差模块经过后的特征图都会消除一部分噪声，所以通过残差块的叠加，冗余信息会越来越少而最终被消除。

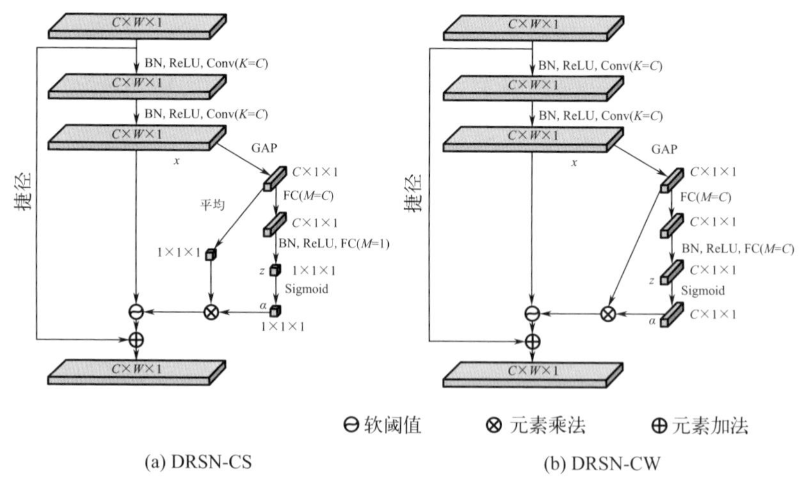

(a) DRSN-CS (b) DRSN-CW

图8.5 深度残差收缩网络的子网络

8.3
基于深度学习的目标识别算法应用场景

8.3.1　生物信息领域应用——人脸识别

近年来，随着GPU技术的成熟和数据集规模越来越大，让人脸识别技术的关注方向从基于手工特征的传统方法和传统的机器学习技术，转移到使用大数据集训练的深度神经网络。现在，基于深度学习的人脸识别技术在人证比对、实名认证、人机交互、考勤、安防、美颜、趣味拍照、直播、微动作识别（疲劳驾驶、课堂听讲、罪犯审判）等领域受到了广泛的关注。

最早的人脸识别相关研究起源于20世纪50年代，学者们通过研究分析脸部器官特征点和特征点之间的拓扑关系进行判断。这种方法简单直观，并证明了使用计算机来自动识别人脸的可能性，但是并不稳定，一旦被检测者的姿态、表情、环境发生变化，识别准确性将会降低。后来，随着深度学习的发展，国际上很多项目都将深度学习成功运用到了人脸识别的项目上，例如Deep ID、Deep Face和Face Net等，这些算法都基于海量的训练数据，让深度学习算法从海量的数据中学习到了人脸特性。它们都分别在LFW数据集上取得了优秀的成绩，接近或者是超越了人眼识别准确率，准确率最高的是Face Net，在LFW数据集上取得了99.63%的准确率，超越了人眼识别准确率。Deep Face是首个使用的基于CNN的人脸识别方法，在使用过程中采用Softmax Loss函数，从特征向量产生到分类的过程中使用了内积、加权的卡方距离和Siamese的三种度量方式来计算相似度，用相似度来进行训练产生分类器。Deep ID是通过少量隐藏变量来表示大量不同的身份，获得了高度紧凑和有判别度的特征，在训练过程中除了采用Softmax训练构建分类器时产生的交叉熵函数之外，还添加了关于检测两张图片是否为同一个人的损失函数，两个损失函数按权重组合，最终生成了对应的总损失函数用来进行训练。Face Net则是利用百万级的训练数据以及三元组之间的距离构建的损失函数（Triplet Loss），直接通过模型计算距离，并通过距离进行分类和预测，来实现比较好的结果。

深度学习的主要优势是可以使用大量甚至海量的训练数据集进行训练，学到人脸特征数据。卷积神经网络（CNN）是人脸识别最常用的深度学习方法之一，影响识别准确性的一般有三大因素：训练数据集规模、网络结构和损失函数，下面就将从这三方面分别进行描述。

（1）训练数据集规模

对于人脸识别，希望训练好的模型可以准确提取出从未出现过的人脸特征信息，当数据集内样本身份十分庞大的时候，模型获取的特征信息更加准确，所以用于人脸识别的数据集越庞大越好，里面包含的身份种类越多越好。在实际使用过程中，当图像的数量大小有限时，为了保证更好的识别准确性，就需要使用包含更多类间差异的数据集。现在网络上可以供人脸识别的数据集非常多，表8.1展示了一些常用的人脸数据集。

表8.1 常用的人脸数据集

数据集名称	身份数量/个	图片/视频数量
LFW	5749	13233张图片
VGGFace2	9131	3.31M张图片
MegaFace2	672057	4.7M张图片

续表

数据集名称	身份数量/个	图片/视频数量
UMDFaces	8277	367888张图片，22075段视频
CASIA WebFace	10575	494414张图片
CelebA	10177	202599张图片
FaceDB	23	1521张图片
IJB-C	28936	138K张图片，11K段视频
PubFig	200	58797张图片
IMDB-WIKI	20284	523051图片

在这些常用的人脸数据集里，LFW数据集的图片均采集自网络，是为了研究非限制环境下的人脸识别问题而建立的，因为该数据集有4069人仅有一张图片，所以一般不用于训练模型，而是用于评价人脸识别算法的性能。PubFig和IJB-C也是常用的人脸识别数据集，与LFW相比，这几个数据集中的拍摄更贴近实际应用场景。MegaFace2常被用在超大规模的人脸识别任务中测试识别方法的优劣。VGGFace2、CelebA和IMDB-WIKI人脸数据集的优点在于覆盖范围比较广，除了可以进行身份识别，还可以进行年龄识别和性别识别。

（2）网络结构

根据使用的场景不同，需要采用不同的网络结构。研究人员一开始常用VGGNet风格的网络和GoogleNet风格的网络，虽然它们网络的结构有一定的相似之处，但使用GoogleNet的参数少了20倍。近几年，残差网络ResNet也已成为许多目标识别任务的首选，其中就包括人脸识别任务。

（3）损失函数

损失函数在CNN训练过程中一般被用来判断网络性能，它能根据预测结果，衡量出模型预测能力的好坏。初期研究者们使用Softmax Loss训练CNN，训练的成功率也都接近90%，但是因为这种损失函数可以增大类间差异的特征和不降低类内差异，导致Softmax Loss无法很好地应用于从未出现过的人脸上，所以研究者也提出了一些不同的损失函数。下面将分别介绍Softmax Loss、Center Loss和Triplet Loss。

① Softmax Loss。Softmax Loss是将CNN网络得到的多个值进行归一化处理，使得到的值转换为在[0，1]之间的概率，即某个类别概率越大，将样本归为该类别的可能性也就越高。人脸识别也是通过对人脸进行分类，让模型学习人脸的特征。

然而，当使用Softmax Loss进行训练时会发现，模型收敛速度非常快，但是当准确率达到90%以后，准确率就无法继续快速上升，训练过度时准确率还有下降的情况，出现过拟合。也是因为该损失函数目的是进行分类，没有优化类间和类内距离，这启发了其他损失函数的出现。

② Center Loss。对于人脸这类复杂数据，同一个人的类内变化有可能大于不同人的类间变化，所以研究者们希望不仅可以做到类间可分，还要做到类内紧凑，才能对那些类内大变化的样本有更加准确的判定。所以使用Softmax Loss实现类间可分类，使用Center Loss实现类内紧凑。Center Loss为每个类别分配一个可学习的类中心，通过计算得到每个样本到各自类中心的距离，距离之和越小表示类内越紧凑。

但是CenterLoss在人脸识别的过程中也有一定的不足，第一个不足就是对硬件的要求比较高，因为类别一旦很多，每个类都要学习中心点位置和到样本的距离，计算量巨大，所以对硬件的要求较高；第二个不足是因为现在人脸图像受到光照、年龄和化妆等因素的影响，会造成同一个人类的差别变大，虽然Center Loss的提出就是为了解决这个问题，但是为了想要损失降低，需要进行大量训练，容易造成过拟合。

③ Triplet Loss。Triplet Loss和其他方法不同的是它的输入是三张图片：Anchor Face（固定图像）、Negative Face（反例图像）和Positive Face（正例图像），固定图像和正例图像为同一个人，反例图像为另一个人。如图8.6所示，可以看出，一开始的固定图像和正例图像距离比较远，研究者们希望可以让同类（固定图像和正例图像）距离尽可能地靠近，不同类的类间（固定图像和反例图像）距离尽可能地远离。

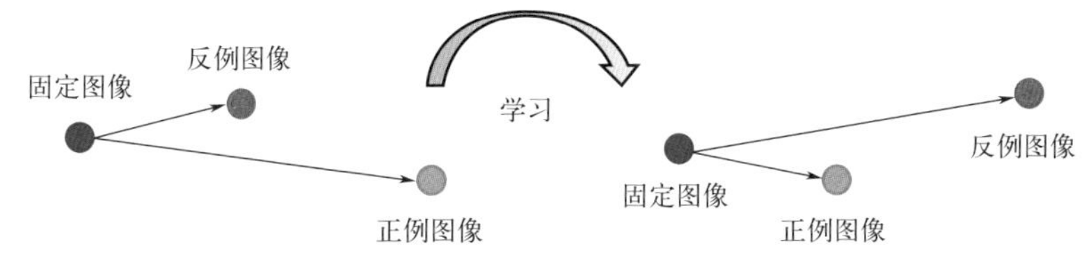

图8.6　三元损失函数原理图

在FaceNet中，使用了100万张图片去训练模型，如果使用SoftmaxLoss为损失函数，那输出的节点是海量的，而使用TripletLoss则可以避免这个问题。但是因为TripletLoss的组合种类太多，训练效率难免会比较低，所以为了保证性能，最好使用一些合理的样本，收敛速度也比较快。

总之，从传统的机器视觉技术到现在的基于深度学习的人脸识别方法，可以很明显地看到，算法准确度得到了显著提高。如今已经有基于深度学习的人脸识别精确度超越人类识别的极限，虽然可能因为环境光线、拍摄角度、人的表情、年龄等多种因素影响，导致基于深度学习的人脸识别技术在现实生活中使用有一定困难，但是在未来的研究中，肯定可以提高模型对复杂环境的适应能力，稳定达到并超越人类识别的精确度，期待未来技术被广泛应用于生活中的每一个角落。

8.3.2 军事领域应用——雷达探测

雷达探测是军事领域重要的电子信息技术，发射电磁波并接收目标的反射来获取信息，可装备于舰船、导弹、无人机、卫星等，主要应用在对地观测、空间监视、精确制导等方面。在现代环境下，雷达不仅发挥发现目标与定位功能，通过雷达成像技术实现目标的识别与区分也同样重要。目前，雷达图像目标识别大部分以合成孔径雷达为基础，合成孔径雷达（synthetic aperture radar，SAR）获取的图像具有很高的径向距离分辨率和横向距离分辨率，图像清晰且不受云层干扰。

雷达图像识别的主要目标有车辆和舰船等，大部分数据集由SAR卫星采集，包括我国高分三号卫星的FUSAR-Ship数据集、OpenSARShip数据集，美国的MSTAR（moving and stationary target acquisition and recognition）数据集等。由于公开的SAR数据集较少，小样本目标识别是目前发展的重点，迁移学习是有效的方法。通过对MSTAR数据集中的3类目标BMP2、BTR70、T72使用卷积神经网络进行目标识别训练，得到预训练模型，然后构建与预训练模型结构、参数均相同的卷积神经网络，对小样本10类目标的MSTAR数据集继续训练，以微调网络参数，最终实验的10类目标识别精度达到99.13%。使用VGG16和ResNet网络均可实现迁移学习，提升了目标识别的准确率，同时验证了残差网络模型的优势。

8.3.3 工业领域应用——水下作业

水下目标识别就是从水声信号中提取水下目标特性并做出识别，确定出目标的本质属性，进而采取有效应对措施，如图8.7所示。由于复杂的水下环境和光照条件，基于深度学习的水下目标识别在海洋学、水下导航等领域广泛应用。

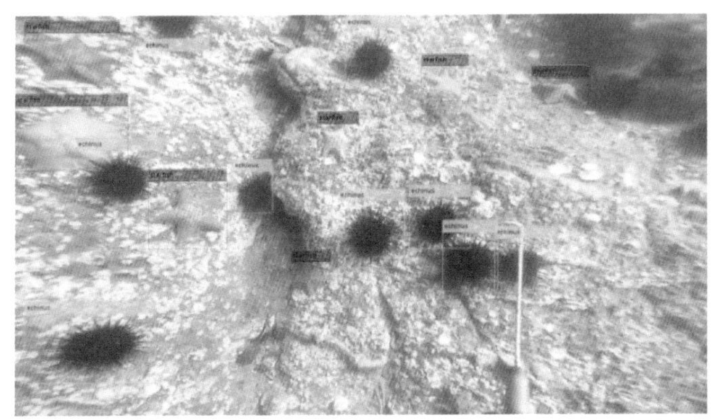

图8.7　水下目标识别

最早兴起的目标分类辨识技术是机器学习，基于机器学习的水下目标分类可以摆脱人工经验限制，比传统信号分析更加精准有效，但由于其需要复杂的特征工程结构进行分类决策，识别精度存在瓶颈，无法进行多任务学习，难以满足水下目标智能辨识高精度的要求，越来越多的学者开始将深度学习引入水下目标的智能辨识，以解决上述问题。深度学习是一种利用非线性信息处理技术，实现多层次、有监督或无监督的特征提取和转换，并进行模式分析和分类的机器学习理论和方法。2006年，由加拿大多伦多大学Hinton等首次提出深度学习的概念，并将理论模型发表于*Science*期刊，开启了深度学习领域的浪潮。目前机器学习及深度学习技术在水下作业方面的应用大概有以下几方面:

① 监测水下生物多样性（monitoring marine biodiversity）。将机器学习技术运用到对水下生物声学的研究，利用卷积网络来构造回声定位点击检测器，旨在对水下生物声学数据生成的频谱图进行分类，精准度很高。运用基于深度学习的视觉方法，用于对细粒度鱼类进行分类，提出

了一种使用预训练卷积神经网络作为广义特征检测器的跨层池化算法，从而避免了对大量训练数据的需求，也能很好地检测水下生物多样性。

② 来源识别及定位（source identification/localization）。浅海环境中的源定位一直使用诸如匹配场处理之类的优化技术来完成。但是，这种优化取决于海洋环境的参数化。

不同神经网络架构的宽带源的范围和深度，常用两种深度学习方法：第一种采用经典的两阶段方案，其中特征提取和DNN分析是独立的步骤。提取与模态信号空间相关的特征向量作为输入特征。然后，利用时延神经网络对长期特征表示进行建模，并建立回归模型。第二种涉及卷积神经网络-前馈神经网络（CNN-FNN）体系结构，该体系结构通过将原始的多通道波形作为输入直接训练网络。期望CNN以类似于时域滤波器的操作对多通道信号执行空间滤波。CNN的输出总和作为FNN的输入。DNN可以有效地进行水源定位，尤其是在缺乏精确的环境信息时。

③ 鱼类的捕捉和检测（fish catch forecasting）。由于水下环境不受限制，水下目标识别是一项艰巨的任务。对于大型数据集，深度学习方法已成功应用于空中物体的图像识别。但是，深度神经网络（DNN）容易遭受小样本过拟合的困扰。水下图像采集总是需要大量的人力和成本，这使得很难获得足够的样本图像来训练DNN。此外，水下相机拍摄的图像通常会因噪声而变差。因此，JinL提出了在小样本情况下的水下图像识别的框架。首先，一种新颖的改进的中值滤波器被用于抑制鱼图像的噪声。然后，使用了卷积神经网络，并使用来自世界上最大的图像识别数据库ImageNet的图像进行了预训练。最后，使用预处理过的鱼图像来微调预先训练的神经网络，并测试分类性能。实验结果表明，该方法能够识别鱼类，为小样本情况下的识别任务提供了有效的途径。

在清洁能源迅速发展的今天，随着潮汐涡轮机和溪流涡轮机等新技术的发展，海洋和河流的清洁能源已成为现实，这些新技术可以从自然流动的水中发电。正在使用水下视频监控这些新技术对鱼类和其他野生动植物的影响。需要用于自动分析水下视频的方法，以降低分析成本并提高准确性。XuW 提出的深度学习模型 YOLO 受过训练，可以使用在真实水力发电站记录的三个截然不同的数据集来识别水下视频中的鱼。使用来自所有三个数据集的示例进行的培训和测试得出的平均精度（mAP）得分为 0.5392。

目前，机器视觉技术在水下机器人中的应用研究多数都是经过实验室验证取得了一定的进展，多数实验是在一定的限定条件下进行的，但是现实中的海水、湖水、河水的水下环境都比实验环境要复杂得多，比如水下深度、光照、杂质等，研究成果在实际水下环境中应用的稳定性和实用性仍然需要投入大量的科研力量。

水下图像处理与识别近年来发展出许多优秀的算法，提升了图像质量与识别率，但是仍然存在一些问题，笔者总览文献发展现状与目标，提出未来水下图像处理与识别发展趋势：

① 完善质量评价指标与数据集。水下图像处理领域仍然缺少公认的统一质量评价指标，导致部分算法无法进行客观的比较，完善的图像质量评价体系对于推动水下图像处理算法发展具有重要意义。需要一种针对水下环境的，泛化性好的通用质量评价系统。同时，质量评价系统需要整合发展不同水域的高质量图像数据集，为算法进一步发展打下基础。

② 提升算法的实时性与鲁棒性。现有的水下图像处理算法复杂度较高，无法在实时作业中得到应用。随着硬件系统的处理速度提升，结合时空信息，发展视频图像处理对水下机器人应用具有较大意义。

③ 提高算法针对性。由于水域环境广阔，不同工况较为复杂，发展全水域通用算法难度较高，现阶段可以将不同环境进行分类，发展针对人工照明、低照度、浑浊水域、运动环境、多干扰物等具体工况的算法。针对不同水域特性发展能够适应工程作业的水下图像处理算法。

④ 提升弱感知条件下水下目标识别能力。水下自主目标识别能力是UUV（unmanned underwater vehicles，无人水下航行器）等水下智能机器完成作业任务的重要能力，更是提高UUV智能化水平的关键技术。弱感知（光照不足、水质条件差）条件下，实现图像精确识别，是基于图像的水下目标识别技术更广泛地应用于水下环境的更高要求。

⑤ 图像识别与精确定位算法融合。图像识别是精确定位前提，精确定位是实施更复杂作业的前提。因此，在实现图像识别的同时，对目标进行精确定位（距离、角度），可以进一步增强水下作业智能性。

本章参考文献

[1] Jia D, Wei D, Socher R, et al. ImageNet: A Large-Scale Hierarchical Image Database[C]// 2009:248-255.

[2] Ronneberger O, Fischer P, Brox T. U-net: Convolutional Networks for Biomedical Image Segmentation[C]//Medical Image Computing and Computer-Assisted Intervention–MICCAI 2015: 18th International Conference, Munich, Germany, October 5-9, 2015, Proceedings, Part Ⅲ 18. Springer International Publishing, 2015: 234-241.

[3] Ahonen T, Hadid A, Pietikainen M. Face Description with Local Binary Patterns: Application to Face Recognition[J]. IEEE Transactions on Pattern Analysis and Machine Intelligence, 2006, 28(12): 2037-2041.

[4] Sun Y, Wang X, Tang X. Deep Learning Face Representation from Predicting 10,000 Classes[C]//Proceedings of the IEEE Conference on Computer Vision and Pattern Recognition. 2014: 1891-1898.

[5] Taigman Y, Yang M, Ranzato M A, et al. Deepface: Closing the Gap to Human-Level Performance in Face Verification[C]//Proceedings of the IEEE Conference on Computer Vision and Pattern Recognition. 2014: 1701-1708.

[6] Schroff F, Kalenichenko D, Philbin J. Facenet: A Unified Embedding for Face Recognition and Clustering[C]//Proceedings of the IEEE Conference on Computer Vision and Pattern Recognition. 2015: 815-823.

[7] Xiang W, Ran H, Sun Z. A Lightened CNN for Deep Face Representation[J]. Computer Science, 2015.

[8] Wen Y, Zhang K, Li Z, et al. A Discriminative Feature Learning Approach for Deep Face Recognition[C]//Computer Vision–ECCV 2016: 14th European Conference, Amsterdam, The Netherlands, October 11–14, 2016, Proceedings, Part Ⅶ 14. Springer International Publishing, 2016: 499-515.

[9] Weinberger K Q, Saul L K. Distance Metric Learning for Large Margin Nearest Neighbor Classification[J]. Journal of Machine Learning Research, 2009, 10(2).

[10] Hinton G E, Salakhutdinov R R. Reducing the Dimensionality of Data with Neural Networks[J]. Science, 2006, 313(5786): 504-507.

[11] Jin L, Liang H. Deep Learning for Underwater Image Recognition in Small Sample Size Situations[C]//OCEANS 2017-Aberdeen. IEEE, 2017: 1-4.

[12] Xu W, Matzner S. Underwater Fish Detection Using Deep Learning for Water Power Applications[C]//2018 International Conference on Computational Science and Computational Intelligence (CSCI). IEEE, 2018: 313-318.

[13] 韩泽凯，孙凯. 基于图像的水下目标识别研究综述[J]. 第三十六届中国自动化学会青年学术年会论文集，2021.

[14] 陈立福，武鸿，崔先亮，等. 基于迁移学习的卷积神经网络SAR图像目标识别[J]. 中国空间科学技术，2018, 38(6): 45.

[15] 任硕良，索继东，佟禹. 卷积神经网络结合迁移学习的SAR目标识别[J]. 电光与控制，2020, 27(10): 37-41.

第9章 前列腺肿瘤检测

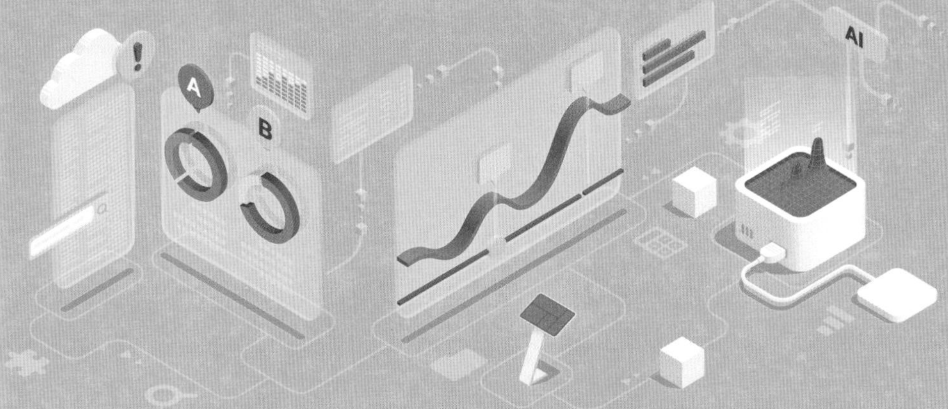

我国前列腺肿瘤诊疗每年约40万例手术，50岁以上男性发病率1%，随着我国老龄化加剧，发病率将继续增加。前列腺肿瘤医学影像是临床前列腺肿瘤检测诊断的重要辅助工具，因此，充分挖掘前列腺影像信息将对临床智能诊断、智能决策以及预后起到重要的作用。随着深度学习的出现，利用深度神经网络分析前列腺影像已成为当前研究的主流。根据前列腺影像分析的流程，从前列腺影像数据的产生、前列腺影像的预处理，到前列腺影像的分类预测，充分阐述了深度学习在每一环节的应用研究现状，并根据其面临的问题，对未来的发展趋势进行了展望。

医学成像已成为临床诊断的重要辅助手段，其包括计算机断层扫描（computed tomography，CT）成像、磁共振成像（magnetic resonance imaging，MRI）、正电子发射断层扫描（positron emission tomography，PET）成像、超声（ultrasound，US）成像、X射线（X-ray）成像等。前列腺医学成像主要包括经直肠超声图像（TRUS）和磁共振成像（MRI）。借助大数据和人工智能技术，深入挖掘海量的医学图像信息，实现基于影像数据的智能诊断、智能临床决策以及治疗预后，已成为目前的研究热点。

随着深度学习技术在图像处理和计算机视觉领域的广泛应用，利用深度学习技术辅助临床诊断和决策已成为医学图像分析领域的研究重点。医学影像智能诊断的流程可大致分为3个步骤：首先获取大量高质量的图像数据，然后对图像进行预处理，最后挖掘图像信息，进行分析预测。其中海量高质量的图像数据是深度学习训练的基础，图像预处理（如配准、感兴趣区域提取）是后续分析准确度的基本保障，挖掘信息、建立预测模型是临床智能决策的关键。

因此，本章将分别围绕这3个方面，阐述深度学习在医学图像处理分析流程中每个环节的主要应用现状，最后总结深度学习在医学影像研究中的发展趋势。该图像处理分析流程对其他医学图像（肝脏、肾）同样适用。

9.1 前列腺图像复原、重建与合成

9.1.1 医学图像复原与重建

海量、高质量的医学图像数据是利用深度学习技术实现影像精准诊断的基础。然而，由于成像设备和采集时间等因素的限制，在医学成像的过程中不可避免地会受到噪声、伪影等因素的影响。同时，针对某些成像方式，需要在成像分辨率和采集时间上进行折中，例如在CT成像中，为了降低辐射的影响，需要减少投影采集数目；在磁共振成像中，为了减少患者运动或者器官自身运动引起的伪影，需要降低K空间的采样率以减少采集时间，然而低采样率会严重影响图像的重建质量。为了获得高质量的采集图像，经常需要进行图像降噪、图像超分辨率重建、图像去伪影等复原与重建工作。下面将分别阐述深度学习在这几方面的研究现状。

（1）前列腺图像降噪

基于深度学习的医学图像降噪主要应用在低剂量CT图像中。卷积降噪自动编码器（convolutional neural network-denoise auto-encoder，CNN-DAE）是早期用于医学图像降噪的深度学习模型。该模型通过一些堆叠的卷积层，以编码和解码的方式从噪声图像中学习无噪图像，其鲁棒性较差，对噪声类型变化较为敏感。随后，Chen H等人提出RED-CNN降噪模型，将残差网络与卷积自动编码器相结合，通过跳跃连接形成深度网络，实现低剂量CT图像的降噪。

利用深度学习进行降噪时，常需要利用有噪图像和无噪图像来训练模型，学习噪声类型，或者学习无噪图像与有噪图像之间的对应关系，进而实现图像降噪。这种方式具有一定的局限性，在临床的某些应用上，很难获得真实的无噪图像。因此，如何采用无监督或者自监督模型，仅利用有噪图像实现医学图像降噪将是未来研究的主要方向。

（2）前列腺图像超分辨率重建

高分辨率的医学图像可以提供更多的临床诊断细节，然而由于采集设备的限制，临床上高分辨率图像较难获取。因此，如何利用深度学习技术，从一幅或者多幅低分辨率医学图像中获得高分辨率图像，成为当前主要研究热点之一。随着深度学习模型在自然图像超分辨率重建中的成功应用，采用深度学习模型进行医学图像超分辨率重建的研究逐渐开展起来。然而，医学图像与自然图像有本质的区别，其超分辨率重建不仅需要在图像切片平面上进行，还需要在切片之间进行。

与医学图像降噪相似，基于深度学习的超分辨率图像重建需要低分辨率图像样本和高分辨率图像样本对网络进行训练。通常采用下采样的方式进行高/低分辨率图像样本对的构造。然而针对不同模态的医学成像，其成像原理大不相同，高分辨率和低分辨率之间的对应关系也不尽相同。因此，采用人工下采样的方式获得训练数据，学习低分辨率图像与高分辨率图像的对应关系，很可能与实际采集中低分辨率图像与高分辨率图像的对应关系不相符，进而导致重建的高分辨率图像无意义，因此如何构建符合实际的高/低分辨率图像样本对是利用深度学习进行超分辨率重建的难点。

（3）前列腺图像重建

医学图像重建是指将采集的原始数据重建为临床上可视图像的过程，如CT采集的原始数据为投影图像，MR采集的原始数据为K空间数据，需要重建算法才能获得临床上用于诊断的图像。在实际应用中，由于一些采集条件的限制（如在CT中尽量减少投影数目，缩短采集时间，以降低辐射影响；在MR成像中，减少K空间填充数目，缩短采集时间，以避免患者的不适或者由患者运动带来的图像伪影），需要降低原始数据的采集率。然而，降低原始数据的采集率必然会影响图像的重建质量。因此，研究合适的重建算法，保证在原始数据低采样率下仍能获得高质量的重建图像，成为医学图像重建中的研究重点。

目前采用深度学习模型进行医学图像重建的方法主要分为两类：一类是从原始数据直接到图像的重建，另一类是基于后处理的方式提高重建图像的质量。第一类方法的代表模型有：ADMM-Net，其用深度迭代的方式学习传统交替方向乘子（alternating direction method of multipliers，ADMM）优化算法中的超参数，可以直接从欠采样的K空间数据中重构出MR图像；Adler J等人提出对偶学习模型，用其代替CT重建中的滤波反投影方法，实现了投影数据到CT图像的准确重建。第二类方法是目前主要的重建方式，即采用图像去伪影的后处理模型进行重建。用于图像降噪、超分辨率重建的模型都可以用于该类型的图像重建，如Lee D等人提出带有残差模块的U-Net模型结构来学习重建图像与原始欠采样图像之间的伪影，随后，他们又提出利用双路U-Net模型对相位图像和幅度图像进行重建，进而提高了MR图像的重建质量。图像降噪、图像超分辨率重建、图像重建等均属于反问题求解。因此，其模型可互相通用。

9.1.2　前列腺图像合成

（1）医学图像数据扩展

目前，临床上医学图像合成主要有两个目的：

① 扩展数据集。以获得大量医学影像样本来训练深度学习模型，从而提高临床诊断和预测的准确度。尽管已有很多数据扩展方法，如平移、旋转、剪切、加噪声等，但是其数据扩展方式无法满足数据多样性的需求，在提升深度学习模型的预测精度以及泛化能力上仍有待提高。

② 模拟成像。由于不同模态的医学图像可以提供不同的信息，融合不同模态的医学影像信息，可以提高临床诊断精度。然而，同一个病人的多模态影像信息很难获取，此时图像合成便提供了一种有效的手段。此外，某些新兴的成像技术对成像设备具有较高的要求，仅少数的医院及科研机构可以满足要求，因此，图像合成为获取稀缺的影像数据提供了可能。

随着GAN模型在自然图像合成上的成功应用，应用GAN的衍生模型进行医学图像合成已成为近几年的研究热点。在医学图像数据集扩展方面，主要采用无条件的GAN模型进行合成，即主要从噪声数据中生成医学图像。常用的方法是以深度卷积生成对抗网络（deep convolutional GAN，DCGAN）为基线模型进行改进。

（2）医学图像模态转换

医学图像的模态转换合成可以分成两类：

① 单模态的转换。如低剂量CT到普通计量CT图像的转换，3T磁共振仪器采集的MR图像到7T磁共振仪器采集的MR图像的生成，其目的是提高图像质量。

② 跨模态的一对一转换。如针对前列腺不同图像的成像特点，常用经直肠超声图像、核磁图像、CT图像实现前列腺的多模态转换，以达到最佳成像。在多模态图像转换任务中，常采用的深度模型网络架构为编码-解码结构，典型代表为Pix2Pix以及Cycle GAN模型。

9.2
医学图像配准与分割

在很多医学图像分析任务中，获得高质量的图像数据后，经常需要对图像进行配准，并对感兴趣区域进行分割，之后才能进行图像分析和识别。

9.2.1　医学图像配准

图像配准是对不同时刻、不同机器采集的图像进行空间位置匹配的过程，是医学图像处理领域非常重要的预处理步骤之一，在多模态图像融合分析、图谱建立、手术指导、肿瘤区域生长检测以及治疗疗效评价中有广泛的应用。目前，深度学习在医学图像配准领域的研究可以分成三类：第一类是采用深度迭代的方法进行配准；第二类是采用有监督的深度学习模型进行配准；第三类是基于无监督模型的深度学习进行配准。第一类方法主要采用深度学习模型学习相似性度量，然后利用传统优化方法学习配准的形变，此类方法配准速度慢，没有充分发挥深度学习的优势。本小节主要集中介绍有监督学习和无监督学习的医学图像配准。

基于有监督学习的配准在进行网络训练时，需要提供与配准相对应的真实变形场，其配准框架如图 9.1 所示。网络模型的训练目标是缩小真实变形场与网络输出变形场的差距，最后将变形场应用到待配准的图像上，从而得到配准结果。在有监督学习的医学图像配准中，变形场的标签可以通过以下两种方式获得：一种是将经典配准算法获得的变形场作为标签；另一种是对目标图像进行模拟形变，将形变参数作为真实标签，将形变图像作为待配准图像。

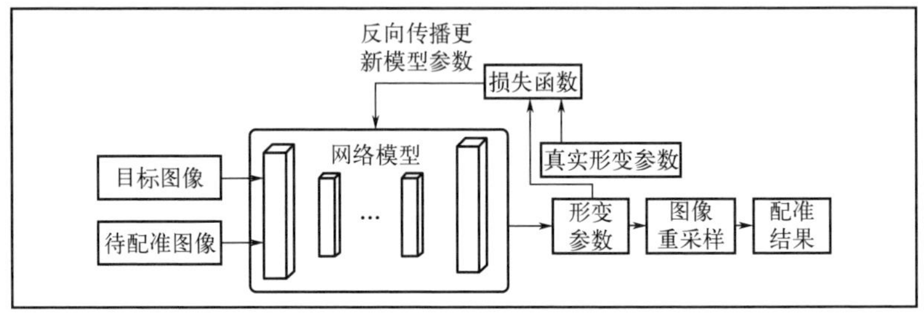

图9.1　有监督深度学习医学图像配准框架

随着空间变换网络（spatial transformer network，STN）的问世，利用无监督深度学习模型进行医学图像配准成为研究热点。其配准网络框架如图9.2所示。

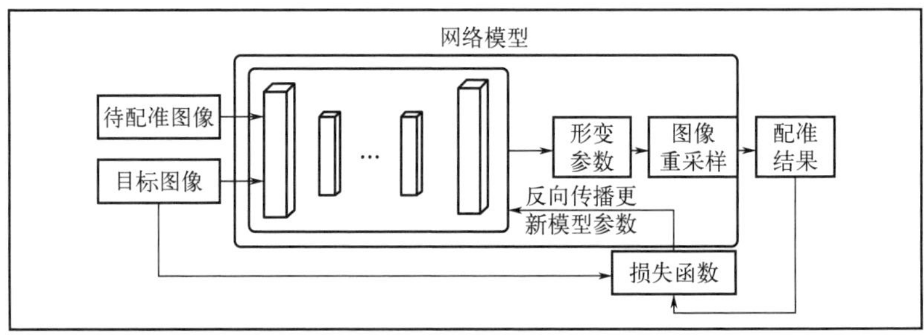

图9.2　无监督深度学习医学图像配准框架

9.2.2　医学图像分割

医学图像分割是计算机辅助诊断的关键步骤，是进行感兴趣区域定量分析的前提。随着深度学习在语义分割中的快速发展，将自然图像分割模型扩展到医学图像已成为主要趋势。在医学图像分割中，采用的主流网络框架有CNN、全卷积网络（full convolutional network，FCN）、U-Net、循环神经网络（recurrent neural network，RNN）和GAN模型。目前常用的医学图像分割模型包括2.5D CNN，即分别在横断面、矢状面、冠状面上使用2D卷积进行分割，在节约计算成本的前提下，充分利用三维空间的邻域信息提高分割的准确度。FCN是深度学习语义分割的初始模型，通过全卷积神经网络和上采样操作，可以粗略地获得语义分割结果。为了提高分割细节，采用跳跃连接将低层的空间信息和高层的语义信息相结合，以提高图像分割的细腻度。FCN及其变体已被广泛应用到各种医学图像分割任务中，且表现良好。

第10章 目标检测与识别技术在医疗领域中的应用

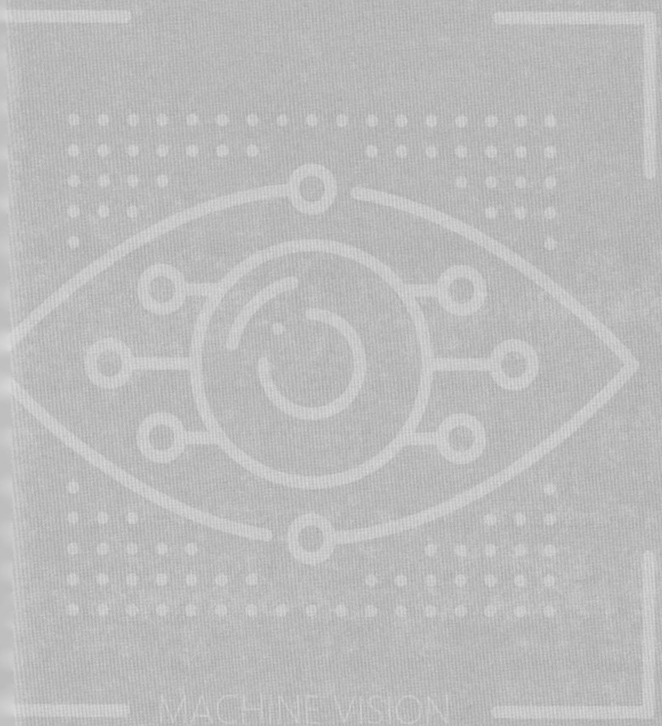

MACHINE VISION

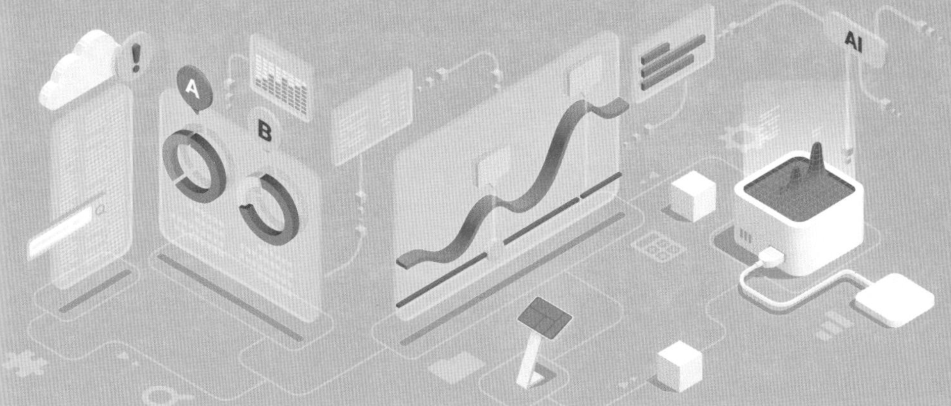

10.1 医学图像处理技术及应用价值

10.1.1 医学图像的类型

目标检测与识别技术在医疗领域中的应用主要是对医学图像进行处理，并应用于诊断、治疗、康复等场景。医学图像是反映解剖区域内部结构或内部功能的图像。医学图像处理的对象是各种不同成像机理的医学影像，临床广泛使用的医学成像种类主要有：X射线成像（X-CT）、电脑断层扫描（CT）、正电子发射计算机断层显像（PET-CT）、核磁共振成像（MRI）、核医学成像（NMI）、超声波成像（UI）、脑电图（EEG）、光相干成像（OCT）、内镜成像、荧光分子成像、功能性磁共振成像（fMRI）、侵入性光学成像（invasive optical imaging）、颅内电极记录（intracranial recording）、脑皮层电图（ECoG）、显微镜下拍摄的病理成像等。

（1）X射线成像（X-CT）

X射线成像原理是人体组织对X射线的吸收，主要设备类型有C形臂、DR、DSA等。这些设备一般是二维成像。目前，西门子等设备厂商也进行了设备升级，逐渐推出三维C臂、动态C臂等设备。

（2）电脑断层扫描（CT）

电脑断层扫描（CT）是利用精确准直的X线束、γ射线、超声波等，与灵敏度极高的探测器一同围绕人体的某一部位做一个接一个的断面扫描。CT的主要性能参数是探测器排数和旋转速度。CT的排数是指CT扫描机器用来接收X射线所用探测器的阵列数，排数代表机器探测头数量。目前临床上常见的扫描机器有16排、64排、128排。随着CT排数的增加，CT检查的速度越快，探测器一次扫描完成的宽度越大。

（3）正电子发射计算机断层显像（PET-CT）

PET采用正电子核素作为示踪剂，通过病灶部位对示踪剂的摄取了解病灶功能代谢状态，可以宏观地显示全身各脏器功能、代谢等病理生理特征，更容易发现病灶。PET广泛应用于临床，已成为肿瘤、冠心病和脑部疾病这三大威胁人类生命疾病诊断和指导治疗的最有效手段。

（4）核磁共振成像（MRI）

利用核磁共振原理，依据所释放的能量在物质内部不同结构环境中不同的衰减，通过外加梯度磁场检测所发射出的电磁波，即可得知构成这一物体原子核的位置和种类，据此可以绘制成物体内部的结构图像。MRI图像在软组织、水肿等方面比CT图像更清晰。MRI常常包含T1相成像和T2相成像。T1相是根据质子磁化到Z轴负向后，回到初始位置Z轴正向的时间进行成像，也就纵向弛豫时间。T2相是根据横向平面产生一个磁化后，衰减到零的时间进行成像，也就是横向弛豫时间。一般来讲，T1相看结构，T2相看功能。此外，还有功能成像fMRI。fMRI利用磁振造影来测量神经元活动所引发的血液动力的改变。

（5）核医学成像（NMI）

核医学成像（NMI）主要包括正电子发射成像和单光子发射计算机断层成像。其检测的信号是摄入人体内的放射性核素衰变时所放出的射线，图像信号可反映放射性核素在活体内的范围、浓度分布，并显示组织和器官形态学信息和功能信息等。

（6）超声波成像（UI）

利用超声声束扫描人体，通过对反射信号的接收、处理，以获得体内器官的图像。超声诊断有利于腹部脏器疾病的诊断，同时，有助于肝肾的穿刺、癌症的治疗、震波碎石、造瘘等检查和治疗。

（7）脑电图（EEG）

脑电图（EEG）是通过精密的仪器从头皮上将脑部大脑皮层的自发性生物电位放大记录而获得的图形，是通过电极记录下来的脑细胞群的自发性、节律性电活动。这种电活动是以电位作为纵轴，时间为横轴，从而记录下来的电位与时间相互关系的平面图。

（8）光相干成像（OCT）

一种基于低相干光干涉原理，利用样品背散、反射光与参考光相干的非接触非侵入性的新型成像技术。OCT技术主要用于眼科疾病筛查以及血管内成像。

（9）内镜成像

内镜成像是将被测物体表面反射的光线信号通过镜头透射到图像传感器（CCD或者CMOS）上，从而将光信号转化为电信号，并经过处理，最终被转换为数字信号的图像数据进行色彩校正、白平衡处理等后期处理，编码为相机所支持的图像格式、分辨率等数据格式，存储为图像文件。

（10）荧光分子成像

荧光分子成像是对目标组织注射造影剂，利用不同细胞对造影剂的吸收能力，通过特殊的光学检测设备识别造影剂。术中荧光成像可以在手术期间提供血管、肿瘤、淋巴结、神经等实时识别。常用的荧光染料示踪剂有：吲哚菁绿（ICG）、ALM-488神经特异性的荧光肽-染料共轭物、髓磷脂结合荧光剂、VGT-309肿瘤靶向荧光显像剂、AVB-620荧光多肽等。

10.1.2　医学图像的格式

为使不同厂商、不同系统、不同应用之间的信息交换不产生阻碍。医学图像领域建立了用于信息交换的标准格式。常见的放射图像有6种主要的格式，分别为DICOM（医学数字成像和通信）、NIFTI（神经影像信息技术创新）、NRRD（近原始光栅数据）、ANALYZE（Mayo医学成像）、PAR/REC（飞利浦MRI扫描仪格式）和MNIC（蒙特利尔神经病学研究所）。其中，DICOM和NIFTI是比较流行的数据格式，如图10.1所示。

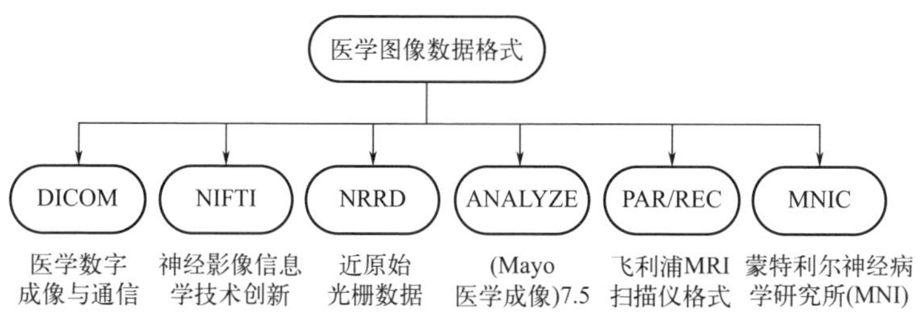

图10.1　常见的放射图像格式

（1）DICOM格式

DICOM（digital imaging and communications in medicine）是美国国家电气制造商协会（NEMA）创建的标准，它定义了在医学成像中处

理、存储、打印和传输信息的标准。DICOM是目前应用最为广泛的医学影像格式，常见的CT、核磁共振、心血管成像等大多采用DICOM格式的存储。DICOM主要存储两方面信息：关于患者的受保护的健康信息（protected health imformation，PHI）和图像信息。PHI就是患者的相关信息，例如姓名、性别、年龄、既往病历等。图像信息包括两部分：一部分信息是患者图像的某一层切片，医生通过专门的DICOM阅读器打开，查看患者病情；另一部分信息是相关的设备信息，例如生产的DICOM图像是X射线机扫描出的X射线图像的某一层，那么DICOM就会存储关于此X射线机的相关设备信息。

（2）NIFTI格式

NIFTI格式最初是为神经影像学发明的。神经影像信息技术计划将NIFTI格式预设为ANALYZE7.5格式的替代品。它最初的应用领域是神经影像，但是也被用在其他领域。这种格式的主要特点就是它包含两个能够将每个体素的索引（i,j,k）和它的空间位置（x,y,z）关联起来的仿射坐标。NIFTI格式主要是为了克服以前数据格式问题而引入的，先前格式的主要问题可能是缺乏有关空间方向的足够信息，以至于不能明确解释存储的数据。尽管该文件被许多不同的成像软件所使用，但是缺少足够的方向信息，某些（尤其是spm）必须为每个分析文件包括一个描述方向的随附文件，例如带有扩展名的文件.mat。为了保持与先前格式的兼容性，以NIFTI格式存储的数据还使用了一对文件.hdr/.img。注意，NIFTI格式的内部结构将与分析格式的结构基本兼容。与每个图像一样，使用一对文件.hdr/.img，而不是仅一个，不仅带来不便，而且还容易出错，因为可能会轻易忘记（或不知道）所关注的数据实际上被拆分为多个文件。为了解决这个问题，NIFTI格式允许将图像数据和相关元数据作为单个文件存储，这种文件通常具有扩展名“.nii”。

（3）DICOM和NIFTI之间的差异

DICOM和NIFTI之间的主要区别在于NIFTI中的原始图像数据保存为3D图像，而在DICOM中有2D图像切片，这使得对于某些机器学习应用程序NIFTI比DICOM更可取，因为NIFTI被建模为3D图像；处理单个NIFTI文件而不是数百个DICOM；NIFTI 每个 3D图像存储2个文件，而DICOM中则存储数十个文件。

10.1.3 目标检测与识别技术在医疗领域的应用价值

目标检测与识别的任务是找出图像中所有感兴趣的目标（物体），确定它们的类别和位置。在医疗领域，目标检测与识别的应用包括以下几种:

① 诊断分型。根据影像图像、病理图像及临床指征对患者的疾病进行诊断，如是否有器质性病变、囊肿大小是否满足手术指征、属于哪种疾病亚型等。

② 医学教学与手术治疗。对影像图像的器官、病灶、解剖位置进行分割与识别，并进行三维重建，用于临床医学教学或手术治疗（术前手术规划）。

③ 医学研究。根据分割识别的医学影像图像，建立知识图谱，根据研究问题需要，进行统计分析，研究疾病的亚型、发病机理等。

④ 康复治疗。对患者的情绪、姿态及肌肉状态等信息进行检测，根据构建的评价模型，对患者的功能进行评估。

⑤ 辅助医疗。对医疗场景中的目标进行检测，实现医疗场景的自动化操作，如对静脉配药的试管、液位进行检测，对转运过程患者、障碍物进行检测等。

10.2 影像图像的疾病诊断与病灶分型

和很多领域不同，医生是一个需要经验的行业，需要长时间的积累才能够准确地诊断患者的疾病。据中国医学学会统计，中国临床医疗中每年的误诊人数约为5700万人，总误诊率为27.8%，主要发生在基层医疗机构。据互联网医疗健康产业联盟统计，医学影像数据年增长率为63%，而放射科医生数量年增长率仅为2%，远低于影像数据的增长，存在巨大的缺口。漏诊率高、工作量大是影像学发展中的痛点问题。而基于AI的辅助诊断系统，可以大大提高阅片的效率：斯坦福大学的研究者通过13万张皮肤疾病图像训练出一个诊断皮肤癌的AI算法，并且诊断结果达到专家水平；2022年，*Nature*刊登了谷歌医疗的乳腺癌AI筛查系统，研究结果表明该系统检测分析乳腺癌的能力超过了专业放射科医生；大多数医疗影像AI软件对于肺结节的检出率可达95%以上。

目前，目标检测与识别技术在疾病诊断领域的常见应用有以下几个方面：

① 肺部疾病诊断。肺结节识别与参数提取（位置、大小、密度和性质等），特别是6mm以下实性结节和磨玻璃结节；肺结核、气胸、肺癌等肺部疾病筛查。

② 眼科疾病诊断。糖网病筛查，青光眼、老年性黄斑变性、白内障和黄斑裂孔的诊断。

③ 脑部疾病诊断。脑出血（位置、体积，是否存在脑疝等）、颅内动脉粥样硬化诊断、颅内动脉瘤诊断和颈动脉易损斑块评估等。

④ 神经系统疾病诊断。癫痫、阿尔茨海默病、帕金森病诊断及病灶识别（位置、大小等）。

⑤ 心血管疾病诊断。冠状动脉易损斑块、主动脉瘤等复杂疾病。

⑥ 其他辅助诊断。甲状腺结节、骨龄分析、韧带损伤分级等。

疾病的诊断是一种典型的分类问题。用于疾病诊断的常见方法主要是一些分类网络，如AlexNet、VGGNet、ResNet、DenseNet、NasNet、ResNeXt、GoogleNet、MobileNet等。由于不同疾病诊断关注的特征不同，如肺结节的良恶性诊断更关注边缘与不规则形态、乳腺癌诊断则关注轴斜位视图推理的能力，许多学者对针对具体疾病诊断进行了相关的研究。

10.2.1　典型的疾病诊断网络

（1）AlexNet

AlexNet是2012年提出的一种深度卷积神经网络结构，由Hinton的学生Alex Krizhevsky提出。这个网络在当时非常流行，并成为CNN在图像分类任务上的一个里程碑。AlexNet是第一个使用ReLU激活函数的神经网络，它大大提高了网络的训练速度，并取得了更好的性能。此外，AlexNet通过使用图像旋转、翻转和颜色变换等技术，促进了数据增强，这是提高网络泛化能力的重要手段。AlexNet还在CNN中首创了Dropout技术，以减少过拟合，并提高模型的泛化能力。此外，AlexNet应用局部响应归一化（LRN）对特征进行归一化，加速神经网络的训练过程，并提高泛化能力。最后，AlexNet使用重叠最大池化，减少信息丢失，同时保证了池化效果。

AlexNet在ImageNet 2012图像分类挑战赛上取得了历史性的胜利，使得CNN在图像分类领域的应用更加广泛，后来的VGGNet、

GoogleNet、ResNet等网络都以AlexNet为基础进行创新和改进。AlexNet在实际中有许多应用实例，图像识别方面AlexNet可以用于图像识别任务，例如识别猫和狗的图像，可以帮助我们在大规模的图像数据集中，快速准确地分类图像。在自动驾驶领域，AlexNet可以用于自动驾驶中的物体检测和识别，例如识别行人、车辆和交通标志等。这可以帮助自动驾驶系统快速地识别和响应道路上的各种物体。在医疗诊断领域，AlexNet可以用于医疗图像识别和诊断，例如识别肿瘤、病变和异常等，这可以帮助医生快速地识别和诊断各种疾病，提高治疗效果。

（2）VGGNet

VGGNet是一个简单但很深的CNN网络，由Simonyan和Zisserman在2014年提出。其主要特点是网络层次深，参数较多。VGGNet使用很小的卷积核（3×3），堆叠多层构成更深的网络，增加网络的深度和非线性能力。VGGNet在ImageNet上取得了很好的效果，表现仅次于GoogleNet。VGGNet在图像分类、目标检测、语义分割等任务上都有比较好的表现。

首先，VGGNet采用了简单易懂、易于可视化的架构设计。它主要使用了卷积层、池化层和全连接层，没有采用较为复杂的LSTM或Attention等RNN网络，适合初学者理解和分析。

其次，VGGNet使用了小的3×3卷积核，通过堆叠更多的卷积层来增强特征提取能力。实践证明，这种设计可以获得比较好的结果，并且较大的卷积核并非必要。

此外，VGGNet采用了较大的2×2池化层，能够有效减小特征图的维度，减轻计算量。VGGNet还具有较深的网络结构，使用了16～19个层来构建不同的模型。这种较深的CNN结构可以捕捉到更多高层的特征信息。

最后，VGGNet训练出来的模型体积较小，参数量控制在1～20MB

之间，模型复杂度较低，易于训练，同时具有很好的表现力。

VGGNet广泛应用于图像识别和计算机视觉领域。在图像分类方面，VGGNet最初被用于ImageNet大规模图像分类。在目标检测方面，VGGNet也被用于许多目标检测框架中，例如Fast R-CNN和Faster R-CNN。作为特征提取网络，VGGNet可以提取Proposal区域中的特征，用于后续的分类和回归。在图像分割方面，VGGNet也被用于许多图像分割框架和方法中，例如Deeplabv3+和Mask R-CNN。通常，VGGNet用于提取特征图，并通过与ground truth mask进行训练，以进行像素级别的分类。此外，VGGNet还被用于风格迁移任务，通过对stylized图像和内容图像特征进行训练，来生成新的风格化图像。除此之外，VGGNet的特征还被用于描述图像内容的检索、zero-shot learning等多个其他视觉任务。作为计算机视觉领域的基石模型，VGGNet影响了后续许多工作和进展。总的来说，VGGNet在图像识别、目标检测、图像分割等多个核心视觉任务上都有所体现，其简单且有力令它具有广泛的适用性。

（3）ResNet

ResNet的核心思想在于使用residual学习来训练极其深层的神经网络。具体来说，ResNet在某些层引入了残差映射，即$rtn=h(x)+x$，其中x为输入特征图，$h(x)$为某层的映射，rtn为该层的输出。引入残差映射可以让激活值更流畅地传播到后续层，从而有效防止梯度消失问题，并使网络更易于训练。ResNet在ImageNet数据集上取得了相当出色的表现，top-5准确率达到92.3%。ResNet是一种具有以下主要特点的卷积神经网络：首先，它是ImageNet数据集上最为深层的神经网络之一，可以达到152层或更多层，从而避免了梯度消失问题，使得网络更易于训练；其次，它采用残差学习的方法来处理梯度消失问题，使得深层网络更容易优化；再次，ResNet的结构相对简单，仅使用了基本的卷积层和残差连接，而没有使用LSTM模型或Transformer模型等复杂模型，结构清晰，易于理解；最后，ResNet在许多视觉任务上表现出色，例如图像分类、目标检测、语义分割等，成为许多后续方法的基础框架。

ResNet在以下应用中具有出色的表现：

① 图像分类方面。ResNet在ImageNet图像分类比赛中获得了非常好的成绩，其16层、34层、50层、101层、152层等不同版本的模型都被广泛应用于图像分类任务中。

② 目标检测方面。ResNet可以用于目标检测任务中的特征提取，结合其他算法（如Faster R-CNN、YOLO等），可以实现准确的目标检测。在COCO目标检测数据集上，ResNet在Faster R-CNN算法中的表现优于以往的模型。

③ 语义分割方面。ResNet可以用于语义分割任务中的特征提取，结合其他算法（如FCN、PSPNet等），可以实现高质量的语义分割。在PASCAL VOC 2012数据集上，ResNet在语义分割任务中的表现优于以往的模型。

④ 视频分类方面。ResNet可以用于视频分类任务中的特征提取，结合其他算法（如3D卷积神经网络等），可以实现准确的视频分类。

（4）DenseNet

DenseNet是一种深度卷积神经网络，由Kaiming He等人在2017年提出。DenseNet的名称来源于其采用的密集连接（dense connectivity）机制，即每个层都与前面的所有层直接相连，从而使得网络更加稠密，可以更好地利用前面层的特征信息，并提高了网络的特征表示能力。

DenseNet具有以下特点：

① DenseNet的每个层都密集连接到前面的所有层，这种紧密的连接方式在增强网络信息流的同时，也有助于解决梯度消失和梯度爆炸等问

题，使得网络更加稠密。

② DenseNet中每个层的输出都被用作后续层的输入，实现了参数共享，这意味着每个层的参数可以被多次重复利用，从而显著减少了网络中的参数数量。

③ DenseNet中的密集连接使得前面层的特征可以在后面的层中被重复使用，从而实现特征的充分利用，防止特征的信息损失，提高了网络的特征表示能力。

④ DenseNet的结构非常紧凑，相比于其他网络，它可以使用更少的参数数量来达到类似的性能，从而降低了模型的复杂度和训练时间。

⑤ 由于DenseNet中的每个层都与前面的所有层相连，即使某些层失效，网络仍然可以继续前进，这使得 DenseNet具有很强的鲁棒性。

DenseNet在计算机视觉领域具有广泛的应用场景，主要包括以下几个方面:

① 目标检测方面。DenseNet可以作为骨干网络提取图像特征，同时，密集连接的机制可以充分挖掘图像特征，提高检测的准确率。

② 语义分割方面。DenseNet可以用于语义分割任务中，通过将其作为编码器，提取图像特征，然后再将其与解码器结合，生成像素级的分割结果。在语义分割任务中，DenseNet可以更好地利用前面层的特征信息，从而提高分割结果的准确率。

③ 超分辨率方面。DenseNet可以用于超分辨率任务中，通过将其作为网络的骨架，提取图像特征，然后再将其与上采样模块结合，生成高分辨率的图像。在超分辨率任务中，DenseNet可以更好地利用前面层的特征信息，从而提高重建图像的质量。

（5）NasNet

NasNet是Google Brain团队在2018年提出的一种基于神经网络自动

搜索技术的神经网络架构。NasNet使用神经网络自动搜索技术，通过搜索最优的神经网络结构来提高网络的性能和准确率。

NasNet的搜索方法主要有两种：基于强化学习的搜索和基于进化算法的搜索。

① 基于强化学习的搜索方法采用RL算法，将网络结构作为策略，通过不断迭代，优化策略，直到找到最优的网络结构。

② 基于进化算法的搜索方法则采用遗传算法，通过不断交叉、变异和选择，来搜索最优的网络结构。

NasNet的特点主要包括以下几个方面：

① NasNet能够自动搜索最优的神经网络结构，避免了人工设计的烦琐和耗时。

② NasNet搜索出的神经网络结构通常具有较小的参数量和计算复杂度，使得模型具有更快的推理速度和更低的存储成本，具有高效性。

③ NasNet的自动搜索方法可以应用于不同类型的神经网络结构，如卷积神经网络、循环神经网络、残差网络等，具有很好的可扩展性。

因此，NasNet在未来的神经网络设计和优化中具有很大的潜力，具有可扩展性。

（6）ResNeXt

ResNeXt是一种基于ResNet的深度卷积神经网络结构，由微软亚洲研究院的Xie等人于2017年提出。与ResNet相比，ResNeXt在保持相同的计算复杂度和参数量的情况下，通过将ResNet中的单一卷积核变为多个卷积核的组合，增加了网络的宽度和深度，从而提高了网络的性能和精度。其有以下几个特点：

① ResNeXt通过引入分组卷积和密集连接等技术来增加网络的宽度和深度，从而提高了网络的表征能力和精度。

② ResNeXt结构简单，易于实现和扩展，可以应用于多种计算机视觉任务，如图像分类、目标检测和语义分割等。

③ ResNeXt的分组卷积和密集连接等技术也可以应用于其他的卷积神经网络结构中，具有很好的可扩展性，通过密集连接的方式增强了信息流的连贯性和稳定性，从而使模型具有更好的鲁棒性和泛化能力。

10.2.2 影像的疾病诊断应用

（1）基于SAM的肺结节诊断

对于自然图像，CNN更着重于在复杂背景中找到目标物体，而CT的肺结节样本形态各异，背景单一，对于一般的基于CNN的分类网络来说，难以捕获更具区分性的特征，而且良性与恶性结节的本体部分在视觉上无太大差异。复旦大学与哈佛大学的研究者提出了一种关注肺结节的形态和边缘（shape and margin）信息的软激活映射方法(soft activation mapping，SAM)。通过SAM和U-Net的结合，可以很好地让模型关注在结节的边缘和不规则的形态上，可在一定程度上提高分类准确率。

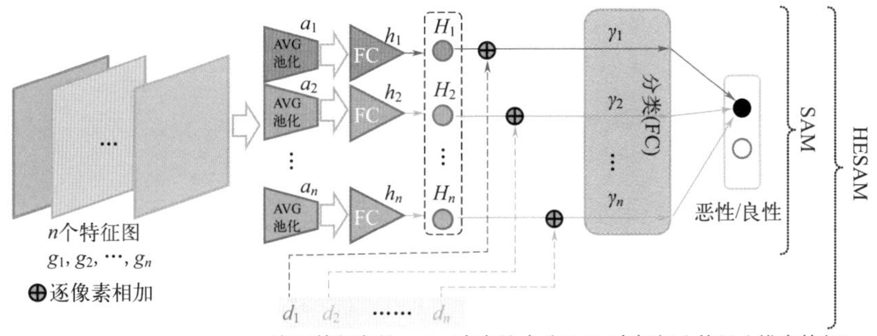

图10.2　软激活映射（SAM）

SAM方法如图10.2所示，*n*个特征图为卷积神经网络最后一层的输出，与CAM不同的是，对每个特征图都接一个均值池化（不是全局池化）和一个全连接层（只有一个神经元，即输出是一个向量）。在CAM中，最后的全局池化使得网络学到的特征图中的所有像素对分类器的决策有同等的贡献，而SAM通过均值池化将每个特征图分成小块，然后每个小块经过池化后作为其全连接层输入的一维，即每个小块中像素对分类器的贡献是通过学习得到的，有不同权重。图10.3中的高层特征为卷积神经网络的高层卷积得到的具有一定语义信息的特征，通过全局池化后，与*n*个单独的全连接层的输出相加。整个SAM模块的实际使用是与U-Net结构相结合，如图10.3所示。

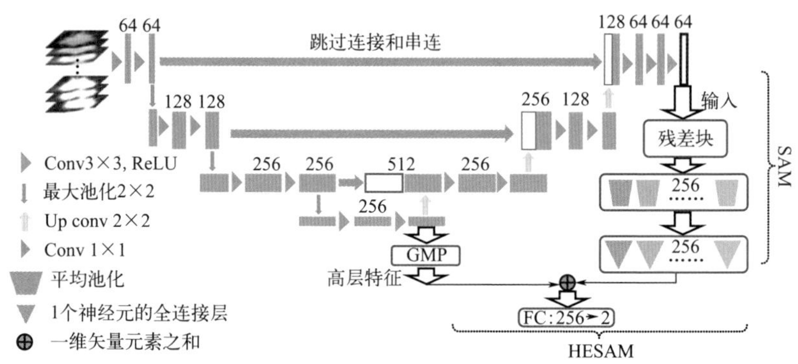

图10.3 SAM和HESAM的具体实现

数据使用的是LIDC-IDRI数据集，扔掉了平均得分为3的样本，构造了4个数据集，不同的输入对应的网络第一层的输入通道数不同。同时，也得到一个发现：随通道数的增加，过拟合的现象有所缓解，结合图10.4中的结果可以看出，相比于只有中心切片的11个通道数据，多切片的数据通过本方法可以提取到更全面的有区分性的特征。

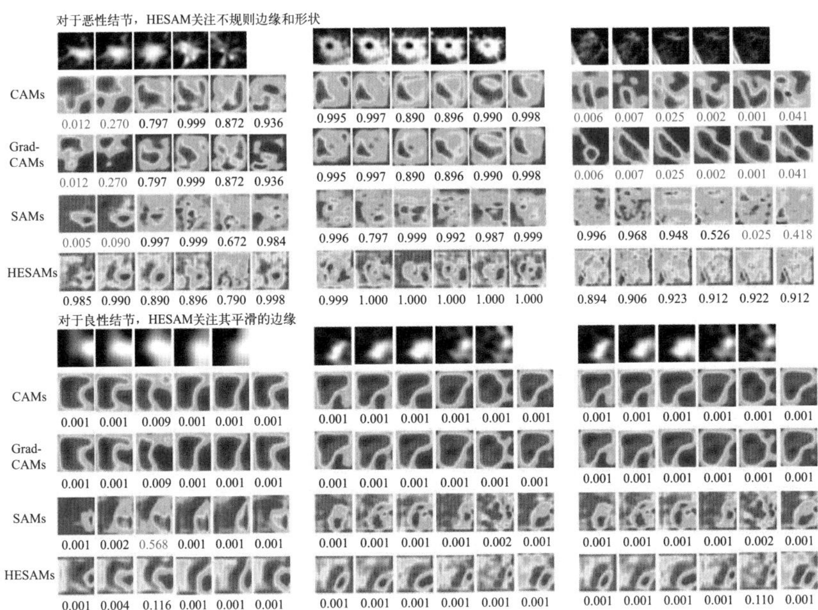

图10.4　不同方法attention maps的对比

每组图的一列是11个通道的数据得到的，每个通道都是相同的中心切片；每组的最后一列为真实的11个通道数据得到的结果；每个attention map下的数值表示预测为恶性的概率。由图10.4可见，SAM可以产生相对离散的特征，与U-Net中间特征结合后，加入了结节的结构信息，使结节的边缘和不规则形状得到了很好的覆盖。表10.1为不同方法在不同数据集上的实验结果。

表10.1　不同方法在不同数据集上的实验结果

方法	D_{1C}	D_{3C}	D_{11C}	D_{21C}	灵敏性	明确性
PN_SAMP[23]	84.28	91.70	97.82	97.38	0.8431	0.9763
ResNet18[33]	81.22	91.27	95.63	95.79	0.9411	0.9685

续表

方法	D_{1C}	D_{3C}	D_{11C}	D_{21C}	灵敏性	明确性
ResNet34[33]	80.79	90.83	96.07	95.20	0.9705	0.9763
VGG16[35]	85.59	91.70	96.69	96.07	0.9411	0.9763
DenseNet121[28]	79.91	87.77	93.45	90.83	0.9215	0.9527
ResNet18-CAM	81.66	88.21	95.36	95.20	0.9216	0.9764
ResNet34-CAM	81.66	86.90	97.82	96.94	0.9509	0.9781
VGG16-CAM	83.41	89.96	92.14	91.70	0.9117	0.9448
DenseNet121-CAM	80.35	86.46	95.63	89.08	0.9313	0.9527
ResNet18-SAM	84.28	89.96	97.38	96.94	0.9607	0.9763
ResNet34-SAM	83.41	88.69	98.25	96.51	0.9509	0.9843
VGG16-SAM	83.41	90.83	94.32	93.89	0.9411	0.9448
DenseNet121-SAM	81.22	88.65	97.28	94.76	0.9411	0.9685
Ours-CAM	80.35	86.46	96.51	95.20	0.9509	0.9737
Ours-SAM	81.66	89.08	98.25	97.38	0.9509	0.9843
Ours-HESAM	83.41	92.58	99.13	98.69	0.9705	0.9921

（2）冠状动脉钙化评估

冠状动脉疾病（CAD）是世界范围内人群死亡和残疾的主要原因，给医疗支出带来了巨大的负担。因此，早期识别无症状的心血管高危人群对于优化预防性药物治疗（如他汀类药物）的使用非常重要。冠状动脉钙化（CAC）评分是衡量冠状动脉内动脉粥样硬化斑块负荷的替代指标，可以预测CAD事件的发生。

全自动化评分方法的一个挑战是如何区分真正的CAC和周围结构的钙化，如二尖瓣环、心脏瓣膜和主动脉的钙化。为了满足对CAC含量进行量化评分，之前的研究中采用机器学习的方式时绕不开繁杂的特征工程，使用深度学习的方式时计算成本较高，乌得勒支大学作出贡献：提出了一种高效的计算模型，使用两个卷积神经网络，第一个网络执行对输入的不同CT图像进行视野对齐，第二个网络完成直接回归评分，从得分可以进行患者风险分级。为了知道影响评分决策的图像区域，他们使用了常用的解卷积方法。

① 训练registration ConvNet。使用修改的Deep Learning Image Registration（DLIR）（参见论文：*End–to–end unsupervised deformable image registration with a convolutional neural network*，2017），输入数据为给定的CT图像和固定的Atlas Image（完备的人工标注图集），该registration ConvNet输出的结果是给定图像转换为标准Atlas图像所需要的6个自由度的转换参数：平移、旋转和缩放。

得出参数后，图像就可以进行视野对准。

$$T_{3D}=\begin{bmatrix}1&0&0&t_x\\0&1&0&t_y\\0&0&1&t_z\\0&0&0&1\end{bmatrix}\begin{bmatrix}\cos\theta_z&-\sin\theta_z&0&0\\\sin\theta_z&\cos\theta_z&0&0\\0&0&1&0\\0&0&0&1\end{bmatrix}\begin{bmatrix}s_{xy}&0&0&0\\0&s_{xy}&0&0\\0&0&s_z&0\\0&0&0&1\end{bmatrix}\quad(10\text{-}1)$$

训练结束后，任意给定CT图像，通过registration ConvNet即可输出视野标准化后的图像，可以极大地提升评分CNN的预测精度。

② Calcium scoring ConvNet。该卷积神经网络用于钙化评分（图10.5），输出的是回归的分数值，网络结构不复杂，值得注意的是采用的损失函数。

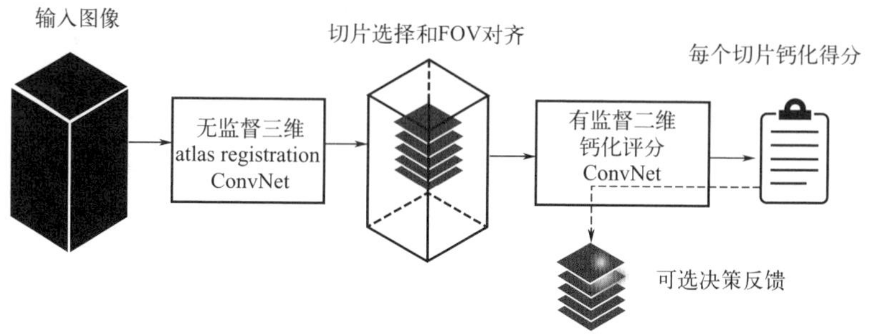

图10.5 用于钙化评分的卷积神经网络

（3）肾结石的成分预测

泌尿结石是泌尿系统常见病、多发病，其人群患病率为1%~5%。由于泌尿结石的成分存在差异，对其治疗方法的选择及治疗的效果也存在差异，如尿酸结石和胱氨酸结石因质地较疏松，常常采用药物溶石；一水草酸钙结石由于其结构致密，硬度较大，体外冲击波碎石的效果往往较差；而感染性的磷酸铵镁结石容易被冲击波击碎，但碎石后易引起全身细菌感染，故在碎石前须经充分的抗干扰治疗。因此，在临床治疗前应明确结石成分，对选择合理的治疗方法、提高治疗效果、减少术后并发症有重要的意义。2020年，美国密歇根大学Kristian等采用ResNet-10进行了结石成分的预测分析，整体预测准确率高于85%。2021年，Francisco等人用DCNN进行了内镜下结石的成分预测，准确率达98%。2022年，法国洛林大学提出一种基于体内图像的自动分类方法。该方法的整体架构如图10.6所示。

其介绍了用于特征提取的LBP算法。在该算法中，对于每张肾结石图像，计算了其LBP特征，并将这些特征作为后续分类算法的输入数据。LBP算法通过对每个像素周围的相邻像素进行比较，生成一个二进制数值来描述该像素的纹理信息。针对每张肾结石图像提取了LBP特征，并

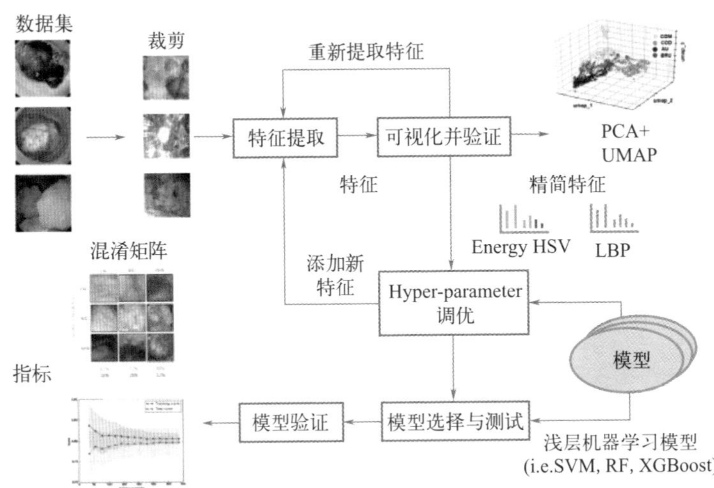

图10.6　基于体内图像的自动分类方法

从每张图像中获得了一个13维的特征向量。这些特征包括：LBP值的直方图、LBP值的能量、LBP值的熵、LBP值的标准差、LBP值的梯度（即LBP特征的一阶导数）、LBP值的梯度的均值、LBP值的梯度的标准差、LBP值的梯度的能量、LBP值的梯度的熵、LBP值的梯度的相关性、LBP值的梯度的相关性的均值和LBP值的梯度的相关性的标准差。这些特征向量被用于后续的支持向量机（SVM）分类器进行训练和测试，并对这些特征进行统计和分析，得到了用于分类器训练和测试的特征向量。这些特征向量包含了图像的纹理和形状信息，可用于区分不同类型的肾结石。

同时，使用浅层机器学习方法的特征提取和分类过程，使用传统的机器学习流程来训练分类模型，包括数据预处理、特征提取、特征选择和模型训练等步骤。

① 在数据预处理方面，研究人员对原始图像进行了裁剪和缩放操作，并将其转换为灰度图像。随后，将图像分割成大小相等的小块

（patch），并对每个patch进行特征提取。

② 在特征提取方面，使用了基于颜色直方图、灰度共生矩阵（GLCM）和局部二值模式（LBP）等方法来提取图像的纹理和形状信息。具体而言，颜色直方图用于描述图像中不同颜色出现的频率分布情况，GLCM用于描述灰度级之间的空间关系，LBP用于描述局部纹理信息。

③ 在特征选择方面，使用了相关性分析和主成分分析等技术来选择最具有区分性的特征，并将其作为输入数据用于分类模型的训练。

④ 在分类模型方面，使用了支持向量机（SVM）、随机森林（RF）和k最近邻（k-NN）等传统的机器学习算法来进行分类预测，并通过交叉验证等技术来评估模型性能。

具体而言，他们使用了交叉验证来评估模型的准确率、召回率和F1值等指标，并比较了不同特征组合和分类算法之间的相关指标。

另外，还介绍了一种基于深度学习的分类方法。描述了这些深度学习模型的设计、训练和验证过程，并比较了它们在肾结石分类任务中的性能表现。首先，使用卷积神经网络（CNN）作为主要的深度学习模型，并测试了不同的特征提取骨干网络和架构，包括AlexNet、VGG16和Inception v3。由于可用数据集相对较小，研究人员使用了预训练的ImageNet卷积层来初始化CNN模型，并将完全连接（FC）层替换为一个自定义的256通道FC层。然后，输出被连接到一个批量归一化模块、ReLU激活函数、另一个256通道FC层和一个Softmax层，以产生4个类别输出进行分类预测。最后，研究人员随机初始化了完全连接层的权重，并使用反向传播算法对整个CNN模型进行训练。为了能够更好地理解CNN模型如何提取和利用图像特征进行分类，并进一步优化模型性能，使用可视化工具来分析深度学习模型提取的特征数据。

使用UMAP和GradCAM这两种可视化工具来分析CNN模型提取的深度特征数据。UMAP是一种非线性降维技术，可以将高维数据映射到低维空间中进行可视化和分析。而GradCAM则是一种解释性技术，可以帮助理解CNN模型在分类任务中的决策过程，并确定哪些区域对于分类结果最为重要。

（4）基于二部图卷积网络的乳腺癌诊断

乳腺X线影像的轴斜位视图提供了空间互补的信息，放射科医师能够在横断面图像识别出肿块，做出综合的诊断意见。但是大多数现有的图像识别方法缺乏医学领域知识的指导，推理能力很差，因此会限制其性能。深睿研究院与北京大学前沿交叉学科研究院大数据中心合作提出了一种二部图卷积网络，可以赋予检测模型轴斜位视图推理的能力，显著提升了肿块的检测效果。在乳腺X线影像的公开数据集DDSM上，同现有的方法相比，同等假阳性下检出敏感性高出4个百分点，同等敏感性下假阳性减少了近60%，充分验证了算法的有效性。

二部图将跨视图主干特征作为输入，并输出增强的特征以进行进一步的预测。首先，通过用伪标记映射空间视觉特征来构造二部图节点。每个映射单元是每个图形节点的代表区域。然后，二部图边缘学习对几何约束和语义相似性进行建模。接下来，通过在二部图中传播信息来进行对应推理以增强特征。最后，增强的特征将与原始信息聚合在一起，进行进一步的预测。视觉分析表明该模型具有明确的物理意义，有助于放射科医生进行临床解释。

（5）眼底疾病诊断

中山大学中山眼科中心林浩添教授团队所做的研究中提出的模型除了可识别正常的眼底图像外，还可识别14种常见的眼底病变，包括两种系统性疾病的眼部表现（糖尿病和高血压），以及12种眼底异常（青光眼视神经病变、病理性近视眼底改变、视网膜静脉阻塞、视网膜脱离、黄斑裂孔、黄斑水肿、中心性浆液性脉络膜视网膜病变、视网膜前膜病变、视网膜色素变性、大玻璃膜疣、黄斑新生血管和地图状萎缩），模型的平均准确率为96.8%。

其中，诸如视网膜脱离、黄斑裂孔、病理性近视眼底改变等眼底病变，准确率可高达99%。

在使用人工智能技术从视网膜眼底图像实时分类青光眼的研究中，在目标检测处理部分，首先介绍了YOLO v3算法的基本原理和优势。该算法是一种基于神经网络的实时物体检测系统，可以快速准确地检测图像中的物体。YOLO v3算法的基本原理是将物体检测任务转化为一个回归问题，通过神经网络来预测图像中每个物体的边界框和类别。该算法将输入图像分成多个网格单元，每个网格单元负责检测其中是否存在目标物体，并输出其位置、大小和类别等信息。在每个网格单元中，YOLO v3会创建许多边界框（bounding boxes）围绕可能存在目标物体的区域，并为每个边界框分配一个置信度得分（confidence score）。最后，根据置信度得分来确定哪个边界框最有可能包含目标物体，并输出其位置、大小和类别等信息。YOLO v3算法采用了Darknet-53作为其特征提取器，可以提取出更加丰富和准确的特征信息。此外，该算法还使用了多尺度特征融合技术，在不同尺度下对图像进行处理，从而可以检测到不同大小的目标物体。相比于其他物体检测算法，YOLO v3具有更高的准确率和更快的处理速度，并且可以识别许多不同类别的物体。

使用YOLO v3算法来检测眼底图像中的视杯和视盘等特征，然后将这些特征值作为输入，通过一个基于YOLO神经网络的青光眼分类算法，来判断该眼底图像是否患有青光眼。该算法会根据输入的参数值进行计算和分析，并输出该眼底图像是否患有青光眼的结果。具体地说，需要输入一些参数值，包括眼侧、垂直杯（vc）、垂直盘（vd）、杯盘比（vcdr）、ISNT边缘和ISNT规则（isntrule）等参数值，这些参数值将被用作青光眼分类算法的输入，并且可以帮助判断该眼底图像是否患有青光眼。

（6）阿尔茨海默病诊断

随着社会的不断发展进步，人类寿命延长，社会老龄化现象严重，阿尔茨海默病（Alzheimer's disease，AD）增加的发病率负担可能会超过当前诊断和管理这一疾病的能力。目前，中国约有1000万阿尔茨海默病患者，预计到2050年，这一数字将超过4000万。虽然目前无法彻底治疗阿尔茨海默病，但阿尔茨海默病的早期精确诊断可防止病情的加剧。伦敦帝国理工学院提出了一种基于MRI的生物标志物（图10.7），用于AD的生物学表

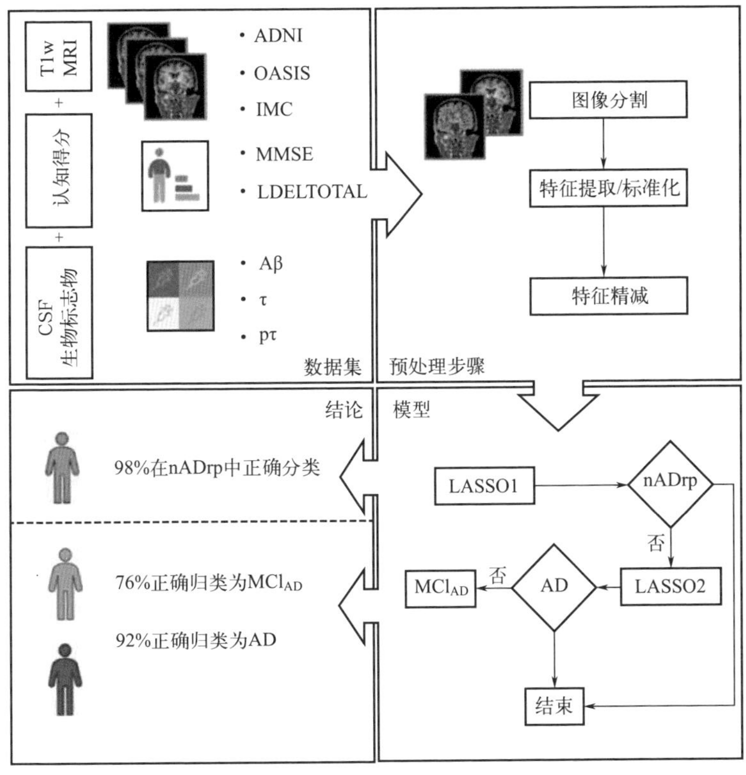

图10.7　基于MRI的生物标志物

征。他们将大脑分为115个区域，并分配了660个不同的特征，例如大小、形状和纹理，以评估每个区域。在98%的病例中，仅基于MRI的机器学习系统就可以准确预测患者是否患有阿尔茨海默病。它还能够在79%的患者中以相当高的准确度区分早期和晚期阿尔茨海默病。

10.3 影像图像的组织器官分割技术

图像分割就是将图像中具有特殊涵义的不同区域分割，这些区域是相互交叉的，每一个区域都满足特定区域的一致性。

下面对分割进行定义：

将一幅图像$g(x,y)$，其中$0 \leqslant x \leqslant Max_x$，$0 \leqslant y \leqslant Max\_y$，进行分割就是将图像划分为满足如下条件的子区域：

① $\bigcup_{k=1}^{N} g_k(x,y) = g(x,y)$，即所有子区域组成了整幅图像。

② g_k是连通的区域。

③ $g_k(x,y) \bigcap g_j(x,y) = \phi$，即任意两个子区域不存在公共元素。

④ 区域g_k满足一定的均一性条件。其中均一性（或相似性）一般指同一区域内的像素点之间的灰度值差异较小或灰度值的变化较缓慢。

如果连通性的约束被取消，那么对像素集的划分就称为分类，每一个像素集称为类。简便起见，将经典的分割和像素分类通称为分割。

医学图像的分割主要是研究将各种器官组织、病灶进行分割。分割后的图像正被广泛应用于各种场合，如组织容积的定量分析，诊断，病变组织的定位，解剖结构的学习，治疗规划，功能成像数据的局部体效应校正和计算机指导手术等。

常见的分割方法包括：基于区域的分割、基于边缘的分割、便于和区域结合的分割以及深度学习的分割。

以CT图像为例，CT图像分割常用的一些方法有：基于阈值、基于区域、基于形变模型、基于模糊及基于神经网络等。而这些方法都或多或少对分割的结果有一定的影响，主要影响因素有：

① 噪声。由于成像设备、成像原理以及个体自身差异的影响，医学图像一般会含有很多噪声，而噪声对于位置和空间的约束是独立的，因此可以利用噪声的分布来实现降噪。

② 伪影。伪影一般是在图像配准和三维重建时产生（如CT），从原理上来说，只能较少，无法消除。CT成像中的伪影包括：部分容积效应、条形伪影、运动伪影、束硬化伪影、环状伪影、金属伪影等。由于这些伪影的存在给CT图像分割带来了一定的难度，不同组织部位分割精度也不一样。

目前而言，医学图像分割常用的框架包括专用框架和通用框架。专用框架是针对单一器官的分割，不同组织的特性不同，因而可根据目标组织的特性，设计专用的分割网络。通用框架面向大多数组织，如nnUnet、Meta的SAM。本书主要介绍一些通用框架。

10.3.1 通用分割网络

（1）常见的2D分割网络

① FCN。卷积网络是产生特征层次结构的强大视觉模型。卷积网络本身训练端到端、像素到像素，在语义分割方面超过了最先进的水平。为了方便分割，Jonathan团队在2015年建立“完全卷积”网络，这种网

络接受任意大小的输入，并通过有效的推理和学习产生相应大小的输出。他们定义并详细描述了完全卷积网络的空间，解释了其在空间密集预测任务中的应用，并将其与先前的模型联系起来。其次，将当代的分类网络（AlexNet、VGG Net和GoogLeNet）适应于完全卷积网络，并通过微调将它们的学习表示转移到分割任务中。然后，定义了一种跳过体系结构，该体系结构将来自深层、粗略层的语义信息，与来自浅层、细层的外观信息相结合，以产生准确而详细的分割。此完全卷积网络实现了对Pascal VOC、NYUDv2和SIFT流的最先进的分割，而对于典型的图像，推断所需的时间不到五分之一秒。

② SegNet。SegNet是一种新颖而实用的深度全卷积神经网络结构，用于语义像素分割，由Badrinarayanan团队于2017年提出。这个核心的可训练分割引擎由编码器网络、相应的解码器网络和像素分类层组成。编码器网络的结构在拓扑上与VGG16网络中的13个卷积层相同。解码器网络的作用是将低分辨率编码器特征映射到全输入分辨率特征映射，以便按像素分类。SegNet的新颖性在于解码器对其较低分辨率的输入特征映射进行上采样。解码器使用在对应编码器的最大合用步骤中计算的合用索引来执行非线性上采样，这就消除了学习上采样的需要。上采样的地图是稀疏的，然后与可训练的过滤器卷积，以产生稠密的特征地图。将SegNet的体系结构与广泛采用的FCN以及著名的DeepLab-LargeFOV、DeconvNet体系结构进行了比较，这种比较揭示了实现良好的分割性能所涉及的内存和准确性之间的权衡。

SegNet的主要动机是场景理解应用程序。因此，在推理过程中，它被设计为在内存和计算时间方面都是有效的。它在可训练参数的数量上也明显少于其他竞争体系结构，并且可以使用随机梯度下降进行端到端的训练。通过在道路场景和SUN RGB-D室内场景分割任务上执行了SegNet和其他架构的受控基准测试，进行定量评估。结果表明，与其他体系结构相比，SegNet提供了良好的性能，具有与其他体系结构竞争的推理时间和最高效的推理内存。

③ U-Net。针对深度网络的成功训练需要数千个带注释的训练样本的普遍理论。2015年，Ronneberger团队提出了一种网络和训练策略，称为U-Net（图10.8）。该策略依赖大量使用数据增强来更有效地使用可用的标注样本，该体系结构由捕获上下文的收缩路径和支持精确本地化的对称扩展路径组成。这样的网络可以从非常少的图像端到端训练，并且在ISBI分割电子显微镜堆栈中的神经元结构的挑战中，性能优于先前最好的方法（滑动窗口卷积网络）。使用在透射式光学显微镜图像（相位对比度和DIC）上训练的相同网络，也取得了不错的成绩。此外，网络速度很快，在最新的GPU上，分割512×512图像只需不到1秒的时间。

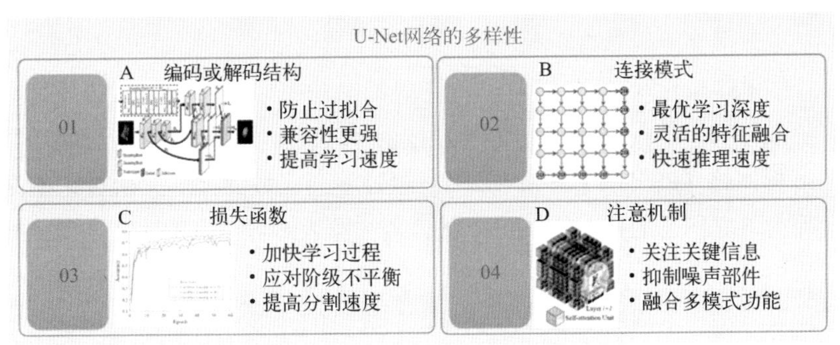

图10.8　U-Net网络

④ Unet++。医学图像分割的最先进模型是U-Net和全卷积网络（FCN）的变种。尽管这些模型取得了成功，但它们有两个局限性：它们的最优深度是先验未知的，需要广泛的架构搜索或对不同深度的模型进行低效的搜索；它们的跳跃连接强加了一种不必要的限制性融合方案，只强制在编码器和解码器子网络的相同尺度特征映射上进行聚合。

为了克服这两个限制，2019年，Zhou团队提出了一种新的用于语义和实例分割的神经结构UNet++，通过利用不同深度的U-Nets的有效集成来缓解未知的网络深度，这些U-Nets部分共享一个编码器，并使用深度监督，同时进行共同学习；重新设计跳跃连接，在解码器子网络上聚合不同语义尺度的特征，形成高度灵活的特征融合方案；设计一种剪枝方案来加快UNet++的推理速度。

使用6种不同的医学图像分割数据集评估了UNet++，包括多种成像方式，如计算机断层扫描（CT）、磁共振成像（MRI）和电子显微镜成像（EM），并证明：UNet++在跨不同数据集和主干架构的语义分割任务中始终优于基线模型；与固定深度U-Net相比，UNet++提高了不同大小的目标的分割质量；Mask RCNN+（采用UNet++设计的Mask R-CNN）在实例分割任务上优于原Mask R-CNN；修剪后的UNet++模型实现了显著的加速，但性能下降幅度不大。

⑤ PSPNet。场景分析对于不受限制的开放词汇和不同的场景是具有挑战性的。Zhao团队在2017年通过金字塔共享模块，提出了金字塔场景解析网络（PSPNet），PSPNet具有通过不同区域的上下文聚合来挖掘全局上下文信息的能力。PSPNet的全局先验表示可以有效地在场景分析任务中产生高质量的结果，而PSPNet为像素级预测提供了一个优越的框架。该方法在不同的数据集上获得了最先进的性能。它在ImageNet场景解析挑战赛2016、Pascal VOC 2012基准和城市景观基准中取得了不错的成绩。一个PSPNet在PASCAL VOC 2012上的MIU准确率达到了85.4%，在城市景观上的准确率达到了80.2%。

⑥ Deeplab。

a. Deeplab v1：深度卷积神经网络（DCNN）在图像分类和目标检测等高级视觉任务中表现出最先进的性能。Deeplab结合了DCNN和概率图形模型的方法，以解决像素级分类（也称为“语义图像分割”）的任务，

DCNN最后一层的响应没有足够的局部化，无法进行准确的对象分割。这是由于DCNN的不变性使得DCNN非常适合于高级任务。

通过将最终DCNN层的响应与完全连接的条件随机场（CRF）相结合，来克服深层网络的这种较差的局部化特性。定性上，“DeepLab”系统能够以超过以前方法的精度定位管段边界。定量上，该方法在PASCAL VOC-2012语义图像分割任务中设置了最新的技术水平，在测试集中达到了71.6%的*IoU*准确率。展示了如何有效地获得这些结果：网络重新利用和来自小波域的“洞”算法的新应用，允许在现代GPU上以8帧每秒的速度密集计算神经网络响应。

b. Deeplab v2：为了解决深度学习的语义图像分割任务，在Deeplab v1的基础上，做出了三项改进，这三项改进具有实质性的实用价值。首先，强调使用上采样滤波器的卷积，或Atrous卷积，作为密集预测任务中的一个强大工具。ATHOS卷积允许显式地控制在深度卷积神经网络中计算特征响应的分辨率。它还允许在不增加参数数量或计算量的情况下有效地扩大过滤器的视野，以结合更大的上下文。其次，提出了ATHOS空间金字塔池（ASPP）算法，以在多个尺度上稳健地分割对象。ASPP用多种采样率和有效视场的滤光片探测进入的卷积特征层，从而在多个尺度上捕获对象和图像上下文。再次，将DCNN方法和概率图形模型相结合，改进了目标边界的定位。DCNN中常用的最大合并和下采样的组合实现了不变性，但对定位精度造成了影响。通过将最终DCNN层的响应与完全连接的条件随机场（CRF）相结合来克服这一点，这在定性和定量上都表明可以改善定位性能。Deeplab v2系统在PASCAL VOC-2012语义图像分割任务中设置了新的技术水平，在测试集中达到了79.7%的MIOU，并在另外三个数据集上取得了进展：PASCAL-CONTEXT，PASCAL-PERSON-PART和CITYSCAPES。

c. Deeplab v3：Deeplab v3重新审视了Atrous卷积，这是一个强大

的工具，可以明确地调整过滤器的视场，以及控制由深度卷积神经网络计算的特征响应的分辨率。在语义图像分割的应用中，为了处理多尺度物体的分割问题，设计了采用级联或并行的阿特拉斯卷积的模块，以通过采用多个阿特拉斯速率来捕捉多尺度背景。此外，增强了之前提出的Atrous空间金字塔池模块，该模块在多个尺度上探测卷积特征，用图像级特征编码全局背景，并进一步提高性能。Deeplab v3系统比以前没有DenseCRF后处理的DeepLab版本有明显的改进，并在PASCAL VOC 2012语义图像分割基准上达到了与其他最先进的模型相当的性能。

⑦ MiniSeg。COVID-19的快速传播，已经严重威胁到全球健康。基于深度学习的计算机辅助筛查，如COVID-19感染的CT区域分割，已经引起了广泛关注。然而，公开的COVID-19训练数据是有限的，很容易造成传统的深度学习方法的过拟合，这些方法通常对数据要求很高，有数百万的参数。同时，快速训练/测试和低计算成本也是快速部署和开发COVID-19筛选系统的必要条件，但传统的深度学习方法通常是计算密集型的。为了解决上述问题，Qiu等人在2021年提出了一个用于高效分割COVID-19的轻量级深度学习模型。与传统的分割方法相比，MiniSeg有几个显著的优点：它只有83KB参数，因此不容易过拟合；它有很高的计算效率，因此便于实际部署；它可以被其他用户使用他们的私人COVID-19数据进行快速重新训练，以进一步提高性能。

（2）常见的3D分割网络

① FCN3d。基于二维全卷积网络近年来被成功地应用于图像目标检测问题。2017年Li将基于全卷积网络（FCN）的检测技术扩展到三维空间，建立FCN3d，并将其应用于点云数据。该方法在激光雷达点云自动驾驶车辆检测任务中得到了验证。在Kitti数据集上的实验表明，与以前的基于点云的检测方法相比，性能有了显著提高。

② Vnet。卷积神经网络（CNNs）被用于解决计算机视觉和医学图像分析领域的问题，尽管很受欢迎，但大多数方法只能处理2D图像，而临床实践中使用的大多数医疗数据都是3D的。Milletari团队在2016年提出了一种基于体积、全卷积神经网络的三维图像分割方法——Vnet。该CNN在描绘前列腺的MRI体积上接受端到端的训练，并学习预测整个体积的分割。基于骰子系数引入了一个新的目标函数，在训练过程中进行优化，这样就可以处理前景和背景体素数量不平衡的情况。为了应对有限数量的注释体积可用的训练，应用随机非线性转换和直方图匹配来增强数据。在实验评估中表明，该方法在具有挑战性的测试数据上取得了良好的性能，而只需要之前其他方法所需的一小部分处理时间。

③ Unet3d。Unet3d是一种从稀疏标注的立体图像中学习的体积分割网络。该方法有两个有吸引力的用例：在半自动化设置中，用户在要分割的体积中注释一些切片，该网络从这些稀疏注释中学习，并提供密集的3D分割；在完全自动化的设置中，假设存在一个有代表性的稀疏注释的训练集，在这个数据集上训练，网络密集分割新的体积图像。该网络扩展了之前的U-Nets架构，将所有2D操作都替换为3D操作，实现在训练过程中执行动态弹性变形，以增强数据的端到端训练，即不需要预先训练的网络。

④ Residual-Unet3d。具有时空3D核的卷积神经网络（3DCNN）能够直接从视频中提取时空特征用于动作识别。虽然3D核函数因参数过多而容易过拟合，但通过使用最近的大型视频数据库，3D CNN网络得到了极大改进。然而，3D CNN的体系结构相对较浅，不利于基于2D的CNN中非常深的神经网络的成功，例如残差网络（ResNets）。而Residual-Unet3d是一种基于ResNets的3D CNN，可解决问题并获得更好的动作表示。在ActivityNet和Kinetics数据集上对3D ResNet进行了实验评估，尽管模型的参数很多，但基于Kinetics训练的3D ResNet没有出现过拟合问

题，并且比相对较浅的网络（如C3D）获得了更好的性能。

⑤ DenseVoxelNet3d。从三维心脏磁共振（MR）图像中自动和准确地进行全心和大血管分割在计算机辅助诊断和治疗心血管疾病中起着重要作用。然而，由于心脏边界的模糊和不同受试者之间巨大的解剖学差异，这项任务非常具有挑战性。为了解决这个难题，研究人员提出了一种新型的密集连接的体积卷积神经网络，称为DenseVoxNet，用于自动分割三维心脏MR图像中的心脏和血管结构。DenseVoxNet采用了三维全卷积结构，以实现有效的体积到体积的预测。

从学习的角度来看，DenseVoxNet有三个引人注目的优势：

第一，它通过密集连接的机制保留了各层之间的最大信息流，从而简化了网络训练。

第二，它通过鼓励特征重用来避免学习多余的特征图，因此需要较少的参数来实现高性能，这对于训练数据有限的医学应用来说是至关重要的。

第三，增加了辅助侧路以加强梯度传播并稳定学习过程。通过将DenseVoxNet与HVSMR 2016挑战赛中最先进的方法结合MICCAI进行比较，证明了DenseVoxNet的有效性，该网络取得了最佳的骰子系数。而且，该网络可以实现比其他3D ConvNets更好的性能，但参数更少。

⑥ 3d HighResNet。深度卷积神经网络是从图像中学习视觉表示的有力工具。然而，设计有效的深层体系结构来分析体积医学图像仍然具有挑战性。这项工作研究了现代卷积网络的有效和灵活的元素，如膨胀卷积和剩余连接。基于目前遇到的难题，研究人员提出了一种高分辨率、紧凑的卷积网络——3d HighResNet，并将其用于体图像分割。为了说明其从大规模图像数据中学习3D表示的有效性，所提出的网络通过从脑MR图像中分割155个神经解剖结构的具有挑战性的任务来验证。

最终表明，提出的网络结构与最先进的体积分割网络相比具有更好的性能，同时更紧凑，为一个数量级。研究人员认为大脑分割任务是体积图像分割的借口任务；训练的网络潜在地为转移学习提供了一个很好的起点。

⑦ Densenet3d。如果卷积网络包含靠近输入和靠近输出的层之间的较短连接，则它们可以更深入、更准确、更有效地进行训练。通过这一观察结果，研究人员设计出了密集卷积网络（DenseNet），它以前馈的方式将每一层相连。传统的具有L层的卷积网络有L个连接——每一层与其下一层之间有一个连接，而此网络有$L×(L+1)/2$个直接连接。对于每一层，前面所有层的特征地图被用作输入，而它自己的特征地图被用作所有后续层的输入。DenseNet有几个引人注目的优点：缓解了消失梯度问题、加强了特征传播、鼓励了特征重用、大大减少了参数数量。

在四个竞争激烈的目标识别基准任务（CIF AR-10、CIF AR-100、SVHN和ImageNet）上对该体系结构进行了评估。DenseNet在大多数方面都比最先进的技术有了显著的改进，同时需要更少的计算来实现高性能。

（3）2D网络和3D网络的区别简介

从数据格式角度，3D数据和2D数据的不同是，多了一个方向的信息。2D数据的表达为(x,y),3D数据的表达为(x,y,z)。医疗影像的大部分数据都是3D的，也就是多层slice（切片）叠加而成的。但是由于z轴上的像素间距（pixel spacing）不同，3D的数据也分为薄层数据和厚层数据。薄层数据层厚较薄，所以z轴slice数比较多，比如眼底OCT图片的z轴slice数为128层（可视化效果）；厚层数据的层厚比较厚，z轴slice数就相对较少，比如脑平扫CT一般层厚为5mm，z轴slice数在20 ～ 40层不等。这样显而易见，薄层的数据相较于厚层数据，在z轴方向的信息更加丰富。

从模型角度，3D卷积可以对3D数据从(x,y,z)三个方向上进行编码，而2D卷积只能对3D数据从(x,y)两个方向进行编码，这是3D卷积的优点。一般来讲，3D卷积的参数量更大，所以常用的3D-UNet都不是像2D-UNet那样降采样16倍，而是降采样8倍。但是由于数据量和模型参数量的匹配问题，3D-UNet可能需要更多的数据去训练，否则可能会导致过拟合（over-fitting）。主要模型如下:

① nnFormer。Transformer是自然语言处理的首选模型，但很少受到医学成像界的关注。考虑到利用长期依赖关系的能力，转换器有望帮助非典型卷积神经网络克服其固有的空间感应偏差的缺点。然而，最近提出的大多数基于变压器的分割方法只是将变压器作为辅助模块来将全局上下文编码为卷积表示。为了解决这个问题，Hong-Yu团队引入了一种用于体积医学图像分割的3D转换器nnFormer（即非另一个转换器），nnFormer不仅利用交织卷积和自我注意操作的结合，还引入了基于局部和全局体积的自我注意机制来学习体积表示。此外，nnFormer还提出在类U-Net结构中使用跳跃注意来代替传统的跳跃连接中的级联/求和运算。实验表明，nnFormer在三个公共数据集上的性能明显优于以前的基于变压器的同类算法。与nnUNet相比，nnFormer产生的HD95比DSC结果要低得多。此外，还证明了nnFormer和nnUNet在模型集成方面具有很强的互补性。

② Diff-UNet。近年来，去噪扩散模型在为图像生成性建模生成具有语义价值的像素级表示方面取得了显著的成功。在这项研究中，Xing团队等人在2023年提出了一种新的端到端框架，称为DIFF-UNET，用于医疗体积分割。将扩散模型集成到一个标准的U型结构中，有效地从输入体中提取语义信息，从而为医学体分割提供了良好的像素级表示。为了增强扩散模型预测结果的稳健性，还在推理过程中引入了基于步骤不确定性的融合（SUF）模块，以组合每个步骤的扩散模型的输出。并在

三个数据集上对该方法进行了评估，包括MRI中的多模式脑肿瘤、肝脏肿瘤和多器官CT卷，并证明了DIFF-UNET显著优于其他最先进的方法。实验结果也表明了该模型的普适性和有效性。

③ nnU-Net。生物医学成像是科学发现的驱动力，也是医疗保健的核心组成部分，正受到深度学习领域的刺激。虽然语义分割算法能够在许多应用中实现图像分析和量化，但各个解决方案的设计不是平凡的，并且高度依赖数据集的属性和硬件条件。

Isensee团队在2021年开发了一种基于深度学习的分割方法，可以自动配置自身，包括任何新任务的预处理、网络结构、训练和后处理。这一过程中的关键设计是选择被建模为一组固定的参数、相互依赖的规则和经验决策。在没有人工干预的情况下，nnU-Net超过了大多数现有的方法，包括在国际生物医学分割比赛中使用的23个公共数据集上的高度专业化的解决方案。

④ Swin-Unet。在过去的几年里，卷积神经网络（CNN）在医学图像分析方面取得了里程碑式的进展。特别是基于U型结构和跳过连接的深度神经网络已被广泛应用于各种医学图像任务中。然而，尽管CNN取得了优异的性能，但由于卷积操作的局域性，它不能很好地学习全局和长距离的语义信息交互。Cao团队等人在2022年提出了一个用于医学图像分割的类似Unet的纯转化器。

符号化的图像补丁被送入基于Transformer的Ushaped Encoder-Decoder（U型编码器-解码器）架构，并带有跳过连接，用于局部-全局语义特征学习。具体来说，使用带有移位窗口的分层斯温变换器作为编码器来提取上下文特征，并设计了一个基于Swin Transformer（Swin变换器）的对称解码器，该解码器带有补丁扩展层，用于执行上采样操作以恢复特征图的空间分辨率。在输入和输出直接下采样和上采样4倍的情况下，多器官和心脏分割任务的实验表明，基于纯变压器的U型编码器-解码器网络优于那些全卷积或变压器和卷积的组合方法。

（4）U-Net网络及变形

在早期的研究中，阈值分割或种子生长，与人工修复相结合的方法经常被用来分割CT、MRI等医学图像。这种半自动的方法效率很低。人工智能技术，特别是U-Net，促进了医学图像分割的快速发展。一般来说，U-Net的变体可以分为四类：

① 设计编码器或解码器结构。级联解码器对分层编码的特征进行了更有效的解码。TernausNet的编码器去掉了全连接层，以512通道的单一卷积层代替，作为网络的瓶颈中心部分，TernausNet的解码器转置了卷积层，使特征图的大小加倍。TernausNet有助于防止过度拟合。

② 优化编码模块和解码模块的连接模式。MNet提出了一种跳跃连接的方法，通过学习来平衡轴间的空间表示；UNet++重新设计了跳跃连接，以利用图像分割中的多尺度特征。

③ 设置新的损失函数。损失函数是一种衡量模型预测质量的方法，这对人工智能模型来说非常重要。Dice Loss是医学图像分割的一个常见损失函数。但是，当预测结果接近于地面实况时，它可能会在训练过程中引起振荡。在W-Net 中使用Cos-Dice损失函数，使网络更加稳定。在Dice Loss中使用可调整的错误分类体素的惩罚权重，以适应不平衡的类别频率。基于Tversky指数的损失函数被用来解决数据不平衡的问题。

④ 导入注意力机制。Swin Unet是利用Swin变换器编码器对MRI图像中的脑肿瘤进行语义分割，该编码器可以通过利用移位窗口计算自我注意力，来提取五个不同分辨率的特征。RA-UNet提出了一种三维混合残余注意力的分割方法，以精确地提取肝脏的利益体积（VOI），并从肝脏VOI中分割肿瘤。TransUNet是U-Net的一个变种，使用转化器编码，将卷积神经网络（CNN）特征图中的标记化图像斑块作为提取全局语境

的输入序列。U-Net Transformers（UNETR）利用Transformers作为编码器来学习输入量的序列表示，并有效地捕获全局多尺度信息。特别是在2021年，德国海德堡大学的Isensee F等人提出的nn-Unet，在所用的23个公共数据集上，结果超过了大多数现有的方法。

10.3.2 专用分割技术

（1）口腔组织分割技术

早年，单独借助显微镜进行细胞的形状和大小、均匀性、细胞结构异常的测量是困难的。如今，借助电子显微镜可以捕捉到高分辨率的显微图像。这些图像可以借助图像处理技术进行处理，以计算所有细胞级参数。大多数图像处理技术都将分割作为进一步处理和评估的重要初始步骤。

近年来人们探索了多种分割方法，部分研究者使用的H&E染色显微图像的重要特征是强度或颜色，使用各种方法对显微图像中的细胞进行了分割，如阈值分割、基于图切的强度定位边界的分割、基于活动轮廓的分割、K-means聚类和分水岭。这些方法的适用性取决于输入图像的类型。其中最常见的是作为预处理部分的阈值处理技术。

在2017年，针对阈值分割和K-means聚类从背景中分割口腔黏膜染色显微图像的细胞区域，Archana团队探索了一种不同的方法，相对于通常情况下给予K-means聚类和阈值的输入。作为预处理的一部分，通过将输入图像转换为CIE格式来保留颜色信息。然后利用自适应直方图均衡化对l通道亮度信息进行改进。然后使用Gabor滤波器组对生成的图像进行滤波，其中，根据图像的大小自适应控制比例。过滤后的输出图像通过主成分分析降维。最后，第一主成分使用Kmeans聚类和阈值分割进行分割。如图10.9所示。

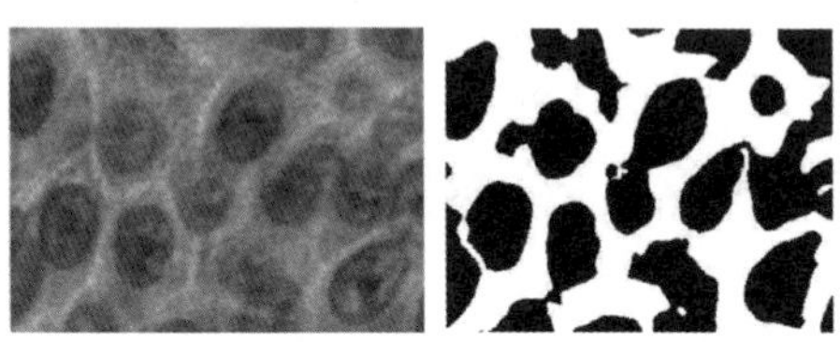

图10.9 K-means聚类和阈值口腔细胞H&E染色图像

虽然Gabor滤波器组的比例因子根据图像的大小自动选择，减少了计算量，但分割结果并不理想，并不能真实反映细胞情况。于是，该团队在2020年开发了基于机器学习的口腔鳞状细胞癌（OSCC）自动分类器，命名为分层鳞状上皮活检图像分类器（SSE-BIC），将H&E染色的鳞状上皮层显微图像分为正常、高分化、中分化和低分化四个不同的类别。采用最大投票法，使用5个分类器进行分类。从口腔黏膜图像中提取了305个特征，包括颜色特征、纹理特征、梯度特征、几何特征和Tamura纹理特征。使用无监督数据挖掘对细胞区域进行分割，以计算保留图像颜色细节的细胞的几何特征，分割结果如图10.10所示。特征选择采用邻域分量特征选择（NCFS）技术，总共使用了676张图像来设计、训练和测试分类器，对单个特征集和混合特征集进行了详细的性能分析，并使用单个分类器和提出的分类器进行了特征选择。并且，通过实验验证，该分类器总体准确率达到95.56%。

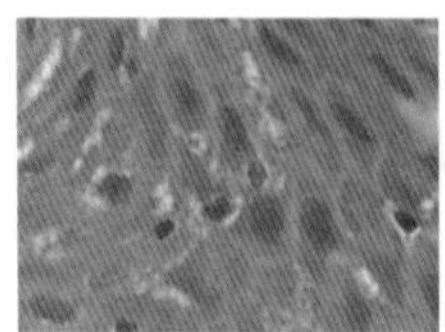 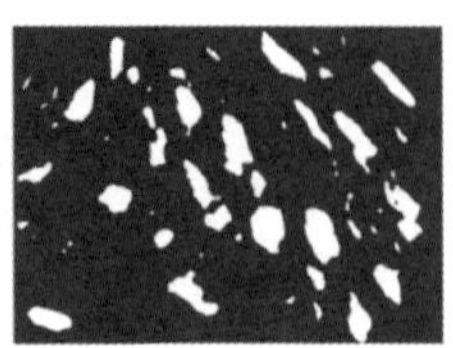

图10.10 口腔鳞状细胞癌（OSCC）自动分类器处理分割图像

但是，计算机辅助生物医学图像分析算法是基于中央处理器（CPU）的顺序实现，存在速度慢的问题，针对这一问题，该团队再次进行了改进。采用NVIDIA图形处理单元（GPU）GeForce GTX 1050Ti，从CPU中卸载分层鳞状上皮活检图像分类器（SSE-BIC）的分割过程和部分Laws纹理特征计算，利用GPU实现了SSE-BIC图像分割，该分割包括二维卷积、主成分分析（PCA）和K-means聚类，结果如图10.11所示。用于Laws纹理特征的D卷积也使用GPU实现。通过这种方式，基于CPU的串行可执行分类器SSE-BIC被改变，以适应并行处理，并与CPU实现进行比较。结果表明，并行实现比串行CPU实现的SSE-BIC快13.04倍。

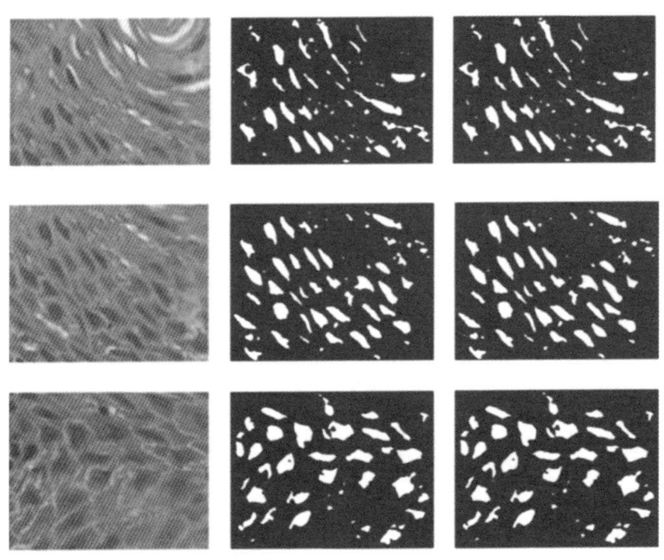

图10.11　口腔细胞H&E染色图像CPU与GPU分割图像

（2）骨骼组织分割技术

以前骨髓很难在体内被观察到，因为它位于主要由钙组成的骨骼内部。多光子激发显微镜能够观察骨髓在体内的血流和细胞活动。为了揭示特定组织图像中的细胞活动，必须从大量图像序列中正确检测出特定的细胞活动区域。

然而，由于骨髓腔、血流、细胞、骨骼和其他组织的重叠，这些图像包含模糊性，因此在骨髓组织的分割中会存在问题。为了减少人工操作实现全自动分割，Tomohiro团队重点研究骨髓腔的纹理模式，在2016年提出了一种基于支持向量机（SVM）和小波变换（WT）的图切和纹理分析的骨髓腔区域检测方法，分割处理图像如图10.12所示。该方法在处理前不需要人工输入来获取强度分布，因为骨髓腔区域的纹理模式已经提前整合到系统中。此外，它适用于图像序列中的特定帧，其中荧光材料的条件是可变的，因为它不需要时间变化或初始帧进行分割，并且进行了实验评估，结果表现良好。

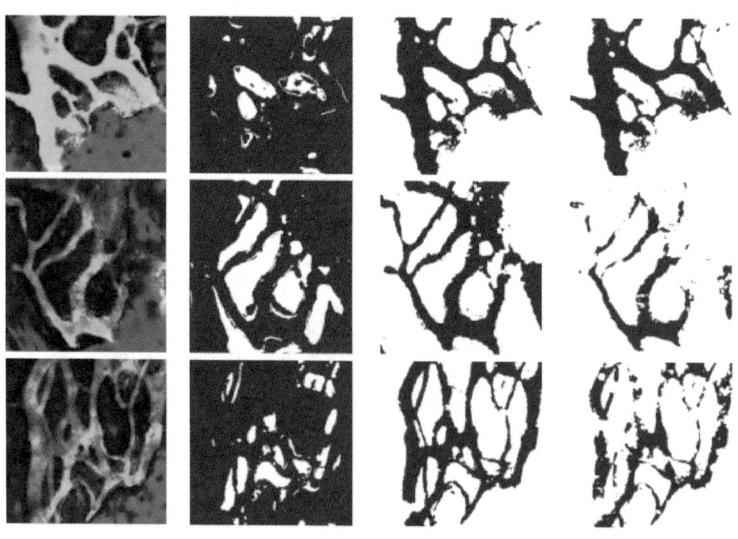

图10.12　基于支持向量机（SVM）与小波变换（WT）的图切和纹理分析的骨髓腔区域检测

常见的骨髓组织受损引发的疾病就是骨质疏松，骨质疏松症是一种非常普遍的疾病，大约有40%的女性和20%的50岁以上的男性受到影响。未能及时发现骨质疏松症和延迟治疗，可能导致不可逆的骨质流失，特别是骨小梁。检测骨小梁质量和数量的变化是预测和诊断骨质疏松症的关键。

光声（PA）技术在深层生物组织中提供超声分辨率的光学吸收对比和空间信息。骨光声检查中遇到的最大挑战之一是骨小梁的分析，它包含骨健康评估所需的关键化学和物理信息。为了使超声检测与PA检测自然匹配，Ting团队在2020年提出了超声引导下进行骨小梁的PA检测。对人体受试者进行数值模拟和体内实验，以研究超声引导检测和非侵入性地分割骨组织光声信号的可能性。结果表明，超声引导下的PA方法可以区分小梁骨和皮质骨以及上盖软组织的PA信号。该方法具有临床骨健康评估的潜力。

（3）腹腔/胸腔多器官分割技术

腹部医学图像中，器官的全自动分割可以实现从诊断到治疗的快速高效的临床工作流程。对于计算机辅助诊断和治疗，器官分割是至关重要的第一步。深度学习带来了计算机视觉领域的兴起，例如使用卷积神经网络（CNN）的语义分割。这些基于CNN的分割方法主要集中在脑、肝等稳定器官。一些消化器官（胃、肠和十二指肠）由于其日常的不稳定性（取决于不同的食物摄入和消化过程），而呈现出更多的挑战。卷积神经网络在语义分割方面的进步为解决这一挑战提供了机会。

医学成像领域的自动语义分割可以实现更快、更可靠和更经济的临床工作流程。由于全卷积网络（FCN）取得的成功，它在这一领域得到了广泛的应用。因此，Eddine团队探索了一种用于腹部区域三维MRI体积语义分割的深度学习管道。首先，利用空间和通道方向的挤压和激励机制，与三维U-Net++网络和深度监管进行初步分割。其次，使用经典方法对初始分割进行细化——空间归一化和局部三维细化网络应用于补丁。最后，将该方法放在一个新的分割管道中（结果如图10.13所示），并在120个腹部磁共振体积图像（MRI）的数据集上训练和评估模型和通道。

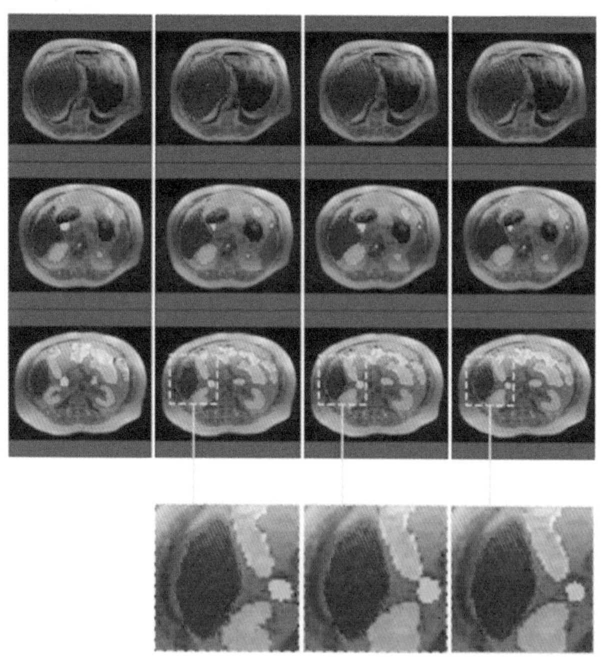

图10.13 不同通道的样本腹腔器官分割结果

Thomas R团队则是为了加快MRI引导的自适应放疗（MRIGART）的轮廓化过程，提出了一种卷积神经网络（CNN）深度学习（DL）模型，在3D MR图像中准确分割肝脏、肾脏、胃、肠和十二指肠。提出的深度学习模型包含一个体素标签预测CNN和一个由两个子网络组成的校正网络，校正网络中的预测CNN和子网络各包含一个密集块，该密集块由12个密集连接组成卷积的层。校正网络旨在通过在分割过程中学习和执行隐式解剖约束来提高CNN的体素标记精度，它的子网络通过将原始图像和前一个子网络生成的Softmax概率图作为输入来学习修复前一个网络的错误分类。采用分段训练法对各子网络参数进行独立训练。该模型在100个数据集上进行了训练，在10个数据集上进行了验证，并在剩下的10个数据集上进行了测试。通过计算骰子系数、豪斯多夫距离（HD）来评价分割精度，分割结果如图10.14所示，肝脏、肾脏、胃、肠和十二指肠分别用蓝色、绿色、红色、黄色和青色表示。

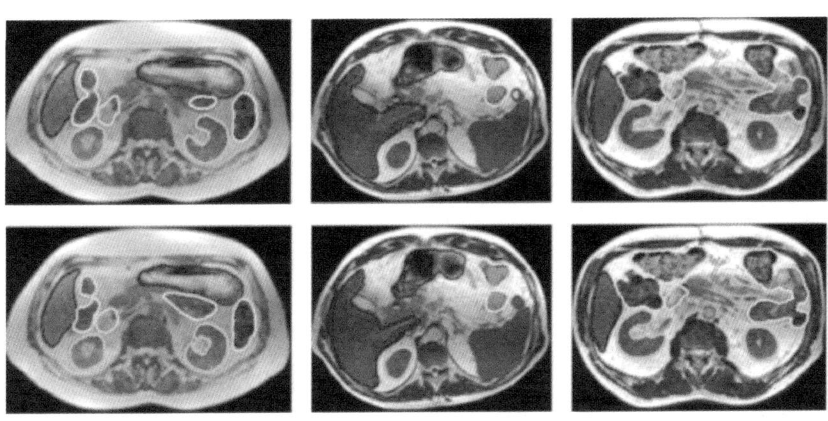

图10.14 DL模型分割结果

在医学图像分割中，胸部CT图像的危险器官（OAR）的划定是放疗前的必要步骤，以防止健康器官的辐照。然而，由于对比度低，多器官分割是一个挑战。Roger团队开发一个新的框架来自动描述OARs。不同于以往OAR分割中每个器官都是单独分割的工作，该方法利用了两个协同深度架构来共同分割所有器官，包括食管、心脏、主动脉和气管。由于大多数器官的边界是不明确的，考虑到空间关系，以克服缺乏对比的困难。结合两个网络的目的是通过第一个网络学习解剖约束，当每个OAR依次分割时，将其用于第二个网络。使用第一种深度架构，即深度SharpMask架构，用于提供低级表征与高级特征的有效组合，然后通过使用条件随机场（CRF）考虑器官之间的空间关系。其次，利用第一个深度架构上获得的图谱，通过学习解剖约束来指导和细化分割，利用第二个深度架构对每个器官进行细化分割，分割结果如图10.15所示，绿色的轮廓表示人工分割的结果，红色的轮廓表示自动分割的结果。与其他最先进的方法进行实验对比相比，结果表明该方法表现优异。

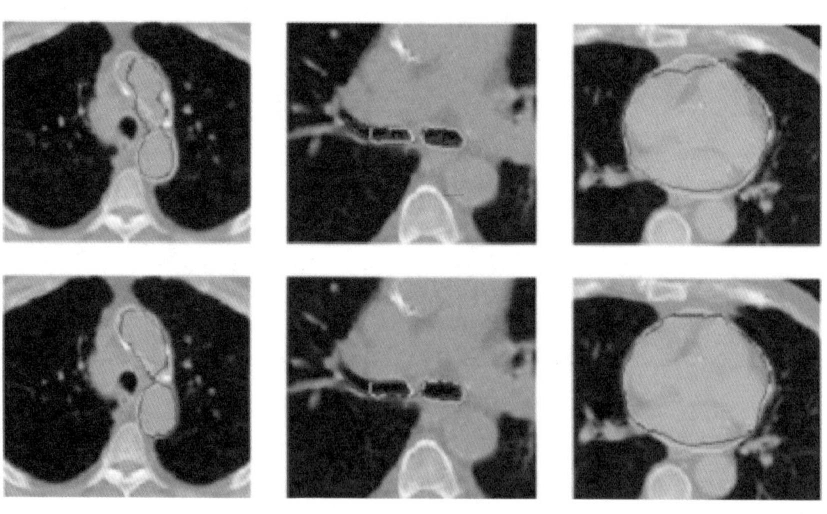

图10.15 自动OAR分割结果

为了使胸腔内的多器官准确分割，Mianfei团队提出了多分辨率3D V-Net网络来自动分割计算机断层扫描（CT）图像中的危险胸部器官。具体来说，采用了两种分辨率，并针对这两种分辨率提出了一种定制的V-Net模型，称为VB-Net。粗分辨率下的VB-Net模型可以鲁棒地定位器官，而精细分辨率下的VB-Net模型可以精确地细化各个器官的边界。

在SegTHOR 2019挑战赛中，使用40张CT扫描4个胸部器官（即食管、心脏、气管和主动脉）进行训练。尝试了单类和多类骰子损失来训练网络。最佳结果是通过对使用单类Dice Loss训练的多个模型进行平均得到的。

（4）脑组织分割与功能分区识别技术

脑组织分割是医学图像处理最受欢迎的研究领域之一，为准确的疾病诊断、异常的检测和分类提供了详细的定量脑分析，在鉴别病变组织和健康组织方面起到了关键的作用。因此，准确的疾病诊断和治疗计划仅仅取决于所用分割方法的性能。

近几十年来，大量的分割方法被引入，并应用于磁共振（MR）脑图像分析，以测量和可视化感兴趣的解剖结构。2013年，Kalavathi提出了一种从T1加权脑磁共振图像中分割脑组织的新方法，该方法基于Otsu的多重阈值分割技术选取最优阈值，对MR脑图像中的WM、GM和CSF进行分割。将该方法得到的分割结果与手工分割的图像进行了比较，在重叠度量方面取得了最好的结果，结果如图10.16所示。实验结果表明，与现有的AMAP、BMAP、FCM、MAP、ML和TKmean方法相比，该方法对脑组织进行了准确分割。

2017年，Ahmed提出了一种基于聚类融合技术的高效全自动脑组织分割算法。在算法的训练阶段，通过缩放像素强度值来增强图像的对比度。然后使用超像素算法将具有相似强度的大脑图像像素分组到对象中，接着利用三种聚类技术对每个对象进行分割。对于每种聚类技术，神经

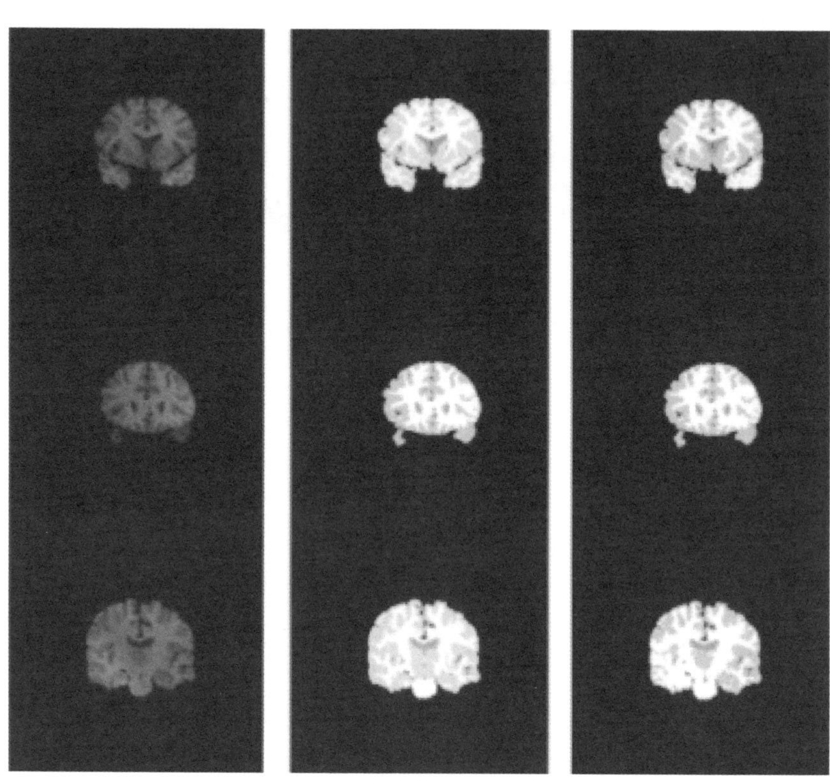

图10.16 基于Otsu的多重阈值分割技术的T1加权脑磁共振脑组织图像分割

网络模型都使用从图像对象中提取的特征进行输入，并使用该聚类技术产生的标签进行训练。在测试阶段，预处理步骤包括缩放和调整大脑图像的大小，然后使用超像素算法将图像分割成多个对象（类似于训练阶段）。然后使用三个训练好的神经网络模型来预测每个对象的各自类别，并使用多数投票将获得的类别组合起来，结果如图10.17所示。与三种基本聚类技术进行了比较，在不同的脑磁共振图像上验证了该方法的有效性。

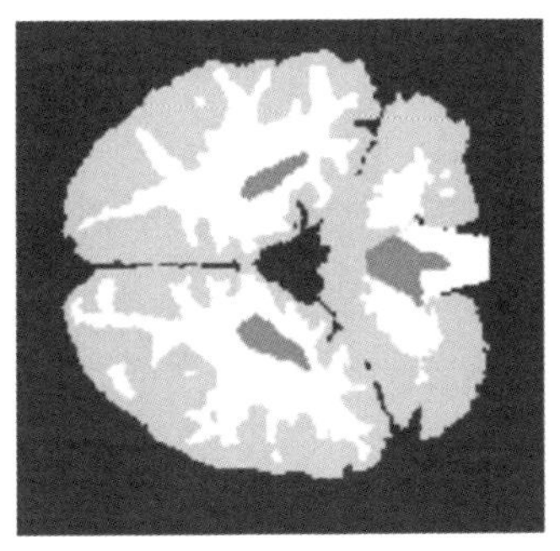
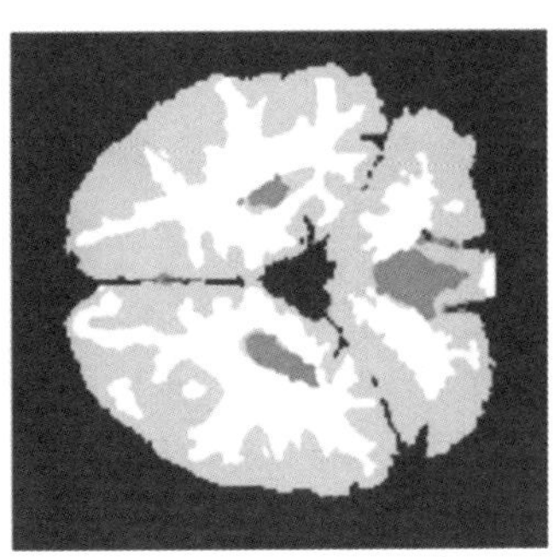

图10.17　基于聚类融合技术的高效全自动脑组织分割

（5）支气管分割技术

肺部计算机断层扫描（CT）自动分割气道是获得气道和肺部各种定量测量的基本技术。从体积X射线计算机断层扫描（CT）数据集中，识别支气管树状结构的管腔和管壁区域对于区分包括慢性阻塞性肺疾病（COPD）和哮喘在内的许多主要肺部疾病的重要表型至关重要。然而，由于完整的三维树形结构的复杂性，特别是在分支区域周围，准确评估气道内外壁表面是困难的。

2013年，Danny团队扩展了一种基于图搜索的技术（LOGISMOS），来同时识别分支气道树的多个相互关联的表面。首先对输入的三维图像进行预分割，以获得树拓扑的基本信息。预先分割的图像沿着确定的路径重新采样，以产生一组体素向量（称为体素列）。重采样过程利用中间轴来确保使用适当长度和方向的体素列来捕获物体表面干扰。构造一个几何图形，其边缘连接重采样体素列中的体素，并在所寻找的表面上执行平滑和分离约束的有效性。采用带有方向性信息的成本函数来区分内外墙。在CT扫描中，对模拟体内人体气道树的双壁物理模型进行壁厚测量的评估，在整个3D树上获得了高度精确的结果。结果如图10.18所示。

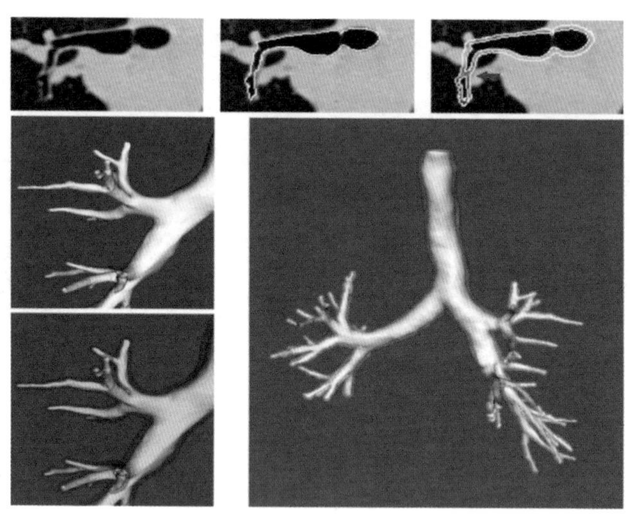

图10.18　基于图搜索技术的气管分割和三维重建

2020年，Yuka团队提出了基于超高分辨率计算机断层扫描的支气管自动分割，与传统CT模式下的自动分割对比，支气管数量和长度显著增加，如图10.19所示。U-HRCT模式大大提高了对更外围支气管的气道自动分割。这一优势可应用于常规临床护理，如虚拟支气管镜检查和自动肺分割。

（6）血管分割技术

计算机断层血管造影（CTA）是评估血管树最常用的成像技术之一。血管系统的分割在医学图像分析中至关重要，因为动脉血管化的评估不仅有助于心血管疾病的诊断，而且对于包括创伤学或肿瘤学在内的多种疾病来说，也是评估预后或计划手术干预的关键步骤。

Sun团队为了将肺结节区域与相邻的血管区域区分开来，引入了一个流动方向特征，称为像素法向量的方向。由于血液在血管中以单一方

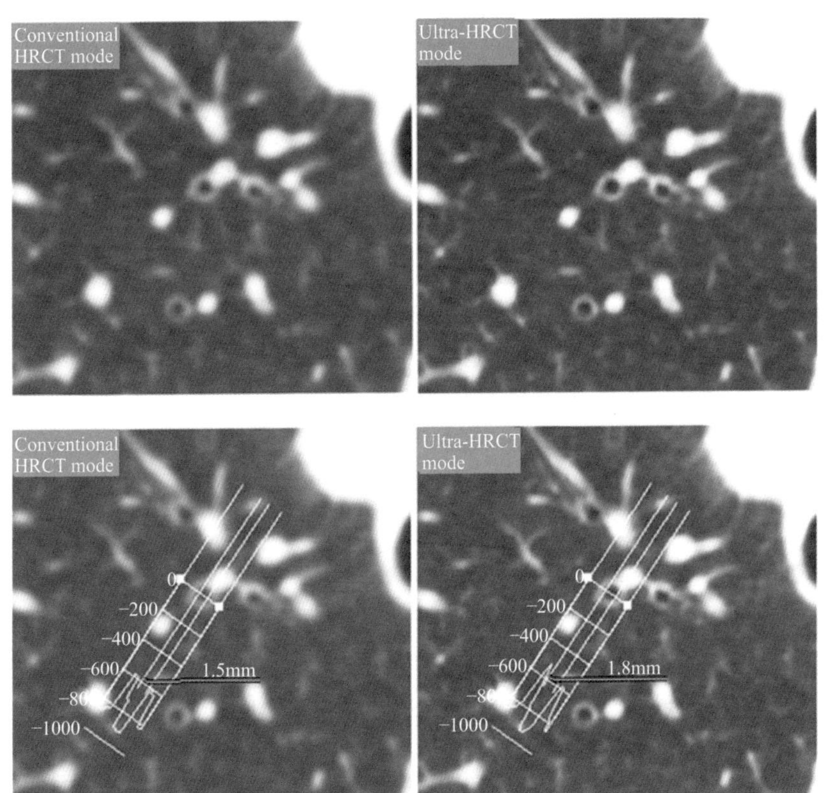

图10.19　U-HRCT模式的支气管自动分割图像

向流动，血管区域像素的法向量通常指向相似的方向，而结节区域的法向量方向可以被视为无序的。在相邻区域中，血管像素的方向特征熵值小于结节像素的方向特征熵值。此外，血管像素通常比结节像素具有更大的到结节中心的测地线距离。基于K-means聚类方法，结合测地距离，利用流量熵对血管附着结节进行分割，结果如图10.20所示。

飞行时间磁共振血管成像（TOF-MRA）图像的自动脑血管分割是一

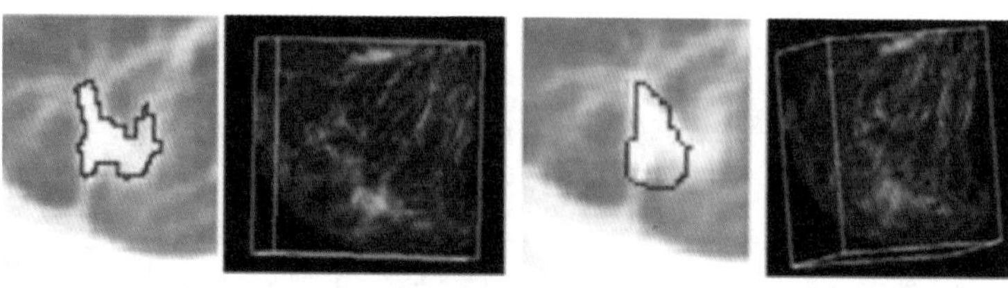

图10.20 基于像素法向量方向的血管分割

项重要的技术，可用于诊断脑血管系统的异常，如血管狭窄和畸形。脑血管自动分割可以直接显示血管的形状、方向和分布。尽管基于深度神经网络的脑血管分割方法已经显示出出色的性能，但它们受限于对庞大训练数据集的依赖。Fan团队在2019年提出了一种基于深度神经网络和隐马尔可夫随机场（HMRF）模型的TOF-MRA图像无监督脑血管分割方法。利用100张TOF-MRA图像对该方法进行了训练和测试，结果如图10.21所示。使用骰子相似系数（DSC）对结果进行评价，其值为0.79。训练后的模型在二值像素分类方面优于传统的基于HMRF的脑血管分割方法，该方法结合DNN和HMRF的优点，在深度学习中使用注释训练模型，从而得到更有效的脑血管分割方法。

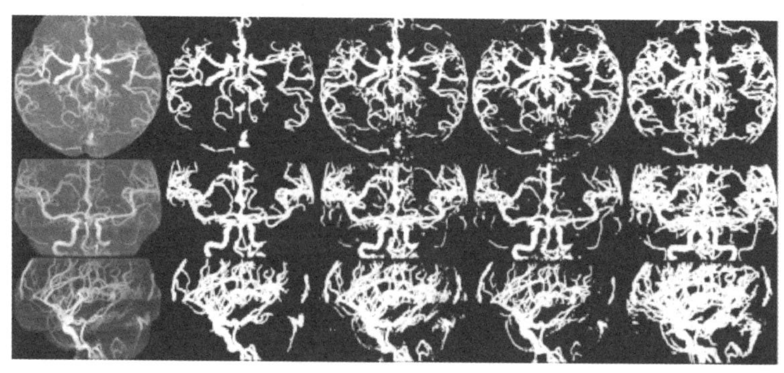

图10.21 基于DNN和HMRF模型的TOF-MRA图像无监督脑血管分割

10.4 公开数据集

医学图像的数据获取涉及伦理、多中心一致性等问题，但是最近几年，深度学习的发展极大地促进了数据中心的建设。目前，有许多公开数据集进行算法模型的验证。美国国家癌症研究所以及一些竞赛单元都会定期公开数据。

本书将从疾病影像诊断、器官分割、病理分析三个方面对公开数据集的情况进行介绍。

10.4.1 影像诊断

（1）MURA

MURA是目前最大的X线片数据库之一，该数据库中包含了源自14982项病例的40895张肌肉骨骼X线片。1万多项病例里有9067例正常的上级肌肉骨骼和5915例上肢异常肌肉骨骼的X线片，部位包括肩部、肱骨、手肘、前臂、手腕、手掌和手指。每个病例包含一个或多个图像，均由放射科医师手动标记。

数据集地址见前言二维码中链接1。

（2）ChestX-ray14

ChestX-ray14是由NIH研究院提供的，其中包含了30805名患者的112120个单独标注的14种不同肺部疾病（肺不张、变实、浸润、气胸、水肿、肺气肿、纤维变性、积液、肺炎、胸膜增厚、心脏肥大、结节、肿块和疝气）的正面胸部X光片。

数据集地址见前言二维码中链接2和链接3。

（3）LIDC-IDRI

LIDC-IDRI数据集是由美国国家癌症研究所（National Cancer Institute）发起收集的，目的是研究高危人群早期肺结节检测。该数据集中，共收录了1018个研究实例，对于每个实例中的图像，都由4位经验丰富的胸部放射科医师进行两阶段的诊断标注。该数据集由胸部医学图像文件（如CT、X线片）和对应的诊断结果病变标注组成。

数据集地址见前言二维码中链接4。

（4）LUNA16

LUNA16是肺部肿瘤检测最常用的数据集之一，它包含888个CT图像，1084个肿瘤，图像质量和肿瘤大小的范围比较理想。数据分为10个子集，子集包含89/88个CT图像。LUNA16的CT图像取自LIDC/IDRI数据集，选取了三个以上放射科医师意见一致的注释，并且去掉了小于3mm的肿瘤，所以数据集里不含有小于3mm的肿瘤，便于训练。

数据集地址见前言二维码中链接5。

（5）DeepLesion

DeepLesion由美国国立卫生研究院临床中心（NIHCC）的团队开发，是迄今为止规模最大的多类别、病灶级别标注临床医疗CT图像开放数据集。在该数据集中图像包括多种病变类型，目前包括4427个患者的32735张CT图像及病变信息，同时也包括肾脏病变、骨病变、肺结节和淋巴结肿大。DeepLesion多类别病变数据集可以用来开发自动化放射诊断的CADx系统。

数据集地址见前言二维码中链接6。

（6）脑肿瘤MRI数据集

该数据集包含7022张人脑MRI图像，分为4类：胶质瘤、脑膜瘤、无肿瘤和垂体。注意，这个数据集中的图像大小是不同的，可以在预处理并去除多余的边距后，将图像调整为所需的大小。

数据集地址见前言二维码中链接7。

（7）威斯康星州乳腺癌（诊断）数据集

该数据集提供的是乳房肿块的细针穿刺（FNA）的数字化图像。数据集中的每个特征都描述了上述数字化图像中发现的细胞核的特征。该数据集由569个样本组成，其中包括357 个良性样本和212个恶性样本。这个数据集中有三类特征，其中实值特征最有趣，它们是从数字化图像中计算出来的，包含有关区域、细胞半径、纹理等信息。

Kaggle地址见前言二维码中链接8。

UCI地址见前言二维码中链接9。

（8）OASIS

OASIS，全称为open access series of imaging studies，即影像学研究开放获取系列，已经发布了第3代版本，第一次发布于2007年，是一项旨在为科学界免费提供大脑核磁共振数据集的项目。它有两个数据集可用，下面是第1版的主要内容。

① 横截面数据集。年轻、中老年、非痴呆和痴呆老年人的横断面MRI数据。该组由416名年龄在18岁至96岁的受试者组成的横截面数据库组成。对于每位受试者，单独获得3个或4个单独的T1加权MRI扫描，

包括扫描会话。受试者都是右撇子，包括男性和女性。100名60岁以上的受试者已经临床诊断为轻度至中度阿尔茨海默病。

② 纵向集数据集：非痴呆和痴呆老年人的纵向磁共振成像数据。该集合包括150名年龄在60岁至96岁的受试者的纵向集合。每位受试者在两次或多次访视中进行扫描，间隔至少一年，总共进行373次成像。对于每位受试者，包括在单次扫描期间，获得3次或4次单独的T1加权MRI扫描。受试者都是右撇子，包括男性和女性。在整个研究中，72名受试者被描述为未被证实，受试者中有64人在初次就诊时表现为痴呆症，并在随后的扫描中仍然如此，其中包括51名轻度至中度阿尔茨海默病患者。另外14名受试者在初次就诊时表现为未衰退，随后在访视中表现为痴呆症。

数据集地址见前言二维码中链接10。

（9）其他数据集

① 白内障数据集。用于白内障检测的白内障和正常眼睛图像数据集，地址见二维码中链接11。

② 恶性与良性皮肤癌数据集。该数据集包含良性皮肤痣和恶性皮肤痣图像。数据由两个文件夹组成，每个文件夹包含两种痣的1800张图片（224×244）。地址见前言二维码中链接12。

③ FASCICLE小腿肌肉超声数据集。一个由812幅小腿肌肉超声图像组成的数据集，用于分析肌肉弱点并预防受伤。链接见前言二维码中链接13。

④ 乳腺图像分析协会（MIAS）迷你数据集地址见前言二维码中链接14。

⑤ BCDR数据集。是由放射科专家标注的乳腺癌匿名患者病例的数据集，包含临床数据（检测到的异常、乳腺密度、BIRADS分类等）、病

变轮廓，以及从头尾侧和中外侧斜位乳房X射线图像计算出的基于图像的特征。地址见二维码中链接15。

⑥ DDSM。乳腺X线筛查数字数据库（DDSM）是供乳腺X线图像分析研究界使用的资源，该项目的主要支持来自美国陆军医学研究和物资司令部的乳腺癌研究计划。该数据库包含大约2500项研究，每项研究包括每个乳房的两幅图像，以及一些相关的患者信息（研究时间、ACR乳房密度评分、异常微妙评级、异常ACR关键字描述）和图像信息（扫描仪、空间分辨率等）。官方网址见二维码中链接16。数据库下载地址见二维码中链接17。

10.4.2 器官分割

（1）DRIVE数据集

发布于2003年。这是一个用于血管分割的数字视网膜图像数据集，它由40张照片组成，其中7张显示出轻度早期糖尿病视网膜病变迹象。

数据集地址见前言二维码中链接18。

（2）SCR数据集

发布于2000年。计算机辅助诊断对于胸部X线片中解剖结构的自动分割非常重要。SCR数据库的建立是为了便于比较研究肺叶、心脏和锁骨在标准的后胸前X线片上的分割。

数据集地址见前言二维码中链接19。

（3）Ardiac MRI

Ardiac MRI 是心脏病患者心房医疗影像数据，以及其左心室的心内膜和外膜的图像标注。包括33位患者案例，每个受试者的序列由沿心脏长轴方向的20帧图像和8到15个不同切面的切片组成，共7980张图像。

数据集地址见二维码中链接20。

（4）3D-IRCADB-01

3D-IRCADB-01（脏器分割数据集）数据库由10名女性和10名男性75%的肝肿瘤患者的3D CT扫描组成。20个文件夹对应20个不同的患者，可以单独下载也可以联合下载。

数据集地址见二维码中链接21。

（5）m2caiSeg

m2caiSeg（腹腔镜图像数据集）是根据真实世界外科手术的内窥镜视频源创建的。数据由307张图像组成，每张图像都针对场景中存在的器官和不同的手术器械进行了注释。

数据集地址见二维码中链接22。

（6）膝关节X射线图像数据集

该数据集包括从知名医院和诊断中心收集的1650张膝关节电子X射线图像。X射线图像是使用PROTEC PRS 500E X射线机获取的。原始图像是8位灰度图像。每个X射线膝关节图像均由2位医学专家根据Kellgren和Lawrence等级手动注释/标记。

数据集地址见二维码中链接23。

（7）其他数据集

① MICCAI胰腺分割数据集。包含282个训练病例，139个测试病例，同时分割胰腺和肿瘤，测试集标签是隐藏的。数据集地址见二维码中链接24。

② 胰腺分割数据集地址见二维码中链接25。

③ Inbreast乳腺照片数据集。包括几种类型的病变（肿块，钙化，不对称和变形）。专家还以XML格式提供了精确的轮廓。数据集地址见二维码中链接26。

10.4.3 病理分析与生物信息

（1）ABIDE

发布于2013年。这是一个对孤独症内在大脑结构的大规模评估数据集，包括539名患有ASD（孤独症谱系障碍）和573名正常个体的功能MRI图像。

数据集地址见二维码中链接27。

（2）MIAS

数据集地址见二维码中链接28和链接29。MIAS全称为minimammographic database，是乳腺图像数据库。

乳腺MG（breast mammography，乳腺钼靶摄影）数据有个专门的数据库，可以查看很多数据集，见二维码中链接30。

（3）NSCLC

发布于2018年，来自斯坦福大学。数据集来自211名受试者的非小细胞肺癌（NSCLC）队列的独特放射基因组数据集。该数据集包括计算机断层扫描（CT）、正电子发射断层扫描（PET）/ CT图像。创建该数据集是为了便于发现基因组和医学图像特征之间的基础关系，以及预测医学图像生物标记的开发和评估。

数据集地址见二维码中链接31。

（4）其他数据集

① ADNI。包括如下几部分：Clinical Data（临床数据）、MR Image Data（核磁共振成像）、Standardized MRI Data Sets（标准化核磁共振成像数据集）、PET Image Data（正电子发射计算机断层扫描数据）、Gennetic Data（遗传数据）、Biospecimen Data（生物样本数据）。数据集地址见前言二维码中链接32。

② 淋巴结切片的组织病理学数据集。由从淋巴结切片的组织病理学扫描中提取的327680张彩色图像（96×96像素）组成。每个图像都带有一个二进制标签，表示存在转移组织。数据集地址见前言二维码中链接33。

③ 血细胞图像数据集。包含12500张带有细胞类型标签（CSV）的增强血细胞图像（JPEG）。4种不同细胞类型中的每一种都有大约3000张图像，这些图像被分组到4个不同的文件夹中（根据细胞类型）。细胞类型是嗜酸性粒细胞、淋巴细胞、单核细胞和中性粒细胞。数据集地址见前言二维码中链接34。

④ 眼病深度学习数据集地址见前言二维码中链接35。

⑤ 皮肤病数据集地址见前言二维码中链接36。

⑥ 疟疾细胞图像数据集地址见前言二维码中链接37。

⑦ 乳房组织病理学图像数据集地址见前言二维码中链接38。

⑧ 甲状腺疾病数据集见前言二维码中链接39和链接40。

10.4.4 竞赛单元/通用数据集

（1）竞赛单元

① Grand Challenges地址链接见前言二维码中链接41。

② Dream Challenges地址链接见前言二维码中链接42。

③ MICCAI 2020地址链接见前言二维码中链接43。

④ VISCERAL。VISCERAL是visual concept extraction challenge in radiology的缩写，是放射学中的视觉概念提取挑战赛。提供几种不同成像模式（例如CT和MR）的解剖结构（例如肾，肺，膀胱等）的放射学数据和一个云计算实例。地址链接前言二维码中链接44。

（2）通用数据集

① MedMNIST医疗影像分析数据集（十项全能）。由上海交通大学的研究人员创建的医疗图像数据集MedMNIST共包含10个预处理开放医疗图像数据集（其数据来自多个不同的数据源，并经过预处理）。这些数据集的数据模态涵盖X线片、OCT、超声、CT、病理切片、皮肤镜检查等形式，涉及结直肠癌、视网膜疾病、乳腺疾病、肝肿瘤等多个医学领域。数据集地址见前言二维码中链接45。

② MIMBCD-UI项目数据集。该项目由三个葡萄牙研究机构（ISR-Lisboa、ITI、INESC-ID）合作开发，主要利用深度卷积神经网络，对磁共振成像体积、超声图像、乳房X射线图像（CC和MLO视图）和文本进行整合与分析。数据集地址见前言二维码中链接46。

本章参考文献

[1] Krizhevsky A, Sutskever I, Hinton G E. Imagenet Classification with Deep Convolutional Neural Networks[J]. Communications of the ACM, 2017, 60(6): 84-90.

[2] Simonyan K, Zisserman A. Very Deep Convolutional Networks for Large-Scale Image Recognition[J]. arXiv Preprint arXiv, 2014.

[3] He K, Zhang X, Ren S, et al. Deep Residual Learning for Image Recognition[C]//Proceedings of the IEEE Conference on Computer Vision and Pattern Recognition,2016: 770-778.

[4] Huang G, Liu Z, Van D M L, et al. Densely Connected Convolutional Networks[C]//Proceedings of the IEEE Conference on Computer Vision and Pattern Recognition. 2017: 4700-4708.

[5] Zoph B, Vasudevan V, Shlens J, et al. Learning Transferable Architectures for Scalable Image Recognition[C]//Proceedings of the IEEE Conference on Computer Vision and Pattern Recognition，2018: 8697-8710.

[6] Xie S, Girshick R, Dollár P, et al. Aggregated Residual Transformations for Deep Neural Networks[C]//Proceedings of the IEEE Conference on Computer Vision and Pattern Recognition，2017: 1492-1500.

[7] Lei Y, Tian Y, Shan H, et al. Shape and Margin-Aware Lung Nodule Classification in Low-Dose CT Images via Soft Activation Mapping[J]. Medical Image Analysis, 2019, 60:101628.

[8] De VB D, Wolterink J M, Leiner T, et al.Direct Automatic Coronary Calcium Scoring in Cardiac and Chest CT[J].IEEE Transactions on Medical Imaging, 2019,38(9):2127-2138.

[9] Black K M, Law H, Aldoukhi A, et al. Deep Learning Computer Vision Algorithm for Detecting Kidney Stone Composition[J]. BJU International, 2020, 125(6): 920-924.

[10] Lopez F, Varelo A, Hinojosa O, et al. Assessing Deep Learning Methods for the Identification of Kidney Stones in Endoscopic Images[C]//2021 43rd Annual International Conference of the IEEE Engineering in Medicine & Biology Society (EMBC). IEEE, 2021: 2778-2781.

[11] Ochoa R G, Estrade V, Lopez F, et al. On the in Vivo Recognition of Kidney Stones Using Machine Learning[J]. arXiv Preprint arXiv, 2022.

[12] Liu Y, Zhang F, Zhang Q, et al. Cross-View Correspondence Reasoning based on Bipartite Graph Convolutional Network for Mammogram Mass Detection[C]//Proceedings of the IEEE/CVF Conference on Computer Vision and Pattern Recognition,2020: 3812-3822.

[13] Lin D, Xiong J, Liu C, et al. Application of Comprehensive Artificial Intelligence Retinal Expert (CARE) System: A National Real-World Evidence Study[J]. The Lancet Digital Health, 2021, 3(8): e486-e495.

[14] Thanh T H P, Thuy T P T, Hieu T N, et al. A Real-Time Classification Of Glaucoma from Retinal Fundus Images Using AI Technology[J]. 2020 International Conference on Advanced Computing and Applications (ACOMP), 2020:114-121.

[15] Inglese M, Patel N, Linton-Reid K, et al. A Predictive Model Using the Mesoscopic

Architecture of the Living Brain to Detect Alzheimer’ s Disease[J]. Communications Medicine, 2022, 2(1): 70.

[16] Long J, Shelhamer E, Darrell T. Fully Convolutional Networks for Semantic Segmentation[J]. 2015 IEEE Conference on Computer Vision and Pattern Recognition (CVPR)，2015.

[17] Badrinarayanan V, Kendall A, Cipolla R. SegNet: A Deep Convolutional Encoder-Decoder Architecture for Image Segmentation[J].IEEE Transactions on Pattern Analysis and Machine Intelligence, 2017,39(12), 2481-2495.

[18] Ronneberger O, Fischer P, Brox T. U-Net: Convolutional Networks for Biomedical Image Segmentation[C]//Medical Image Computing and Computer-Assisted Intervention–MICCAI 2015: 18th International Conference, 2015: 234-241.

[19] Zhou Z, Siddiquee M M R, Tajbakhsh N, et al. Unet++: Redesigning Skip Connections to Exploit Multiscale Features in Image Segmentation[J]. IEEE Transactions on Medical Imaging, 2019, 39(6): 1856-1867.

[20] ZhaoH, Shi J, Qi X, et al. Pyramid Scene Parsing Network[J]. 2017 IEEE Conference on Computer Vision and Pattern Recognition (CVPR),2017.

[21] Chen L C, Papandreou G, Kokkinos I, et al.Semantic Image Segmentation with Deep Convolutional Nets and Fully Connected Crfs[J]. arXiv Preprint arXiv,2014,1412,7062.

[22] Chen L C, Papandreou G, Kokkinos I, et al.Rethinking Atrous Convolution for Semantic Image Segmentation[J]. arXiv Preprint arXiv,2017,1706.05587.

[23] Qiu Y, Liu Y, Li S, et al. Miniseg: An Extremely Minimum Network for Efficient Covid-19 Segmentation[C]//Proceedings of the AAAI Conference on Artificial Intelligence,2021, 35(6): 4846-4854.

[24] Li B. 3d Fully Convolutional Network for Vehicle Detection in Point Cloud[C]//2017 IEEE/RSJ International Conference on Intelligent Robots and Systems (IROS). IEEE, 2017: 1513-1518.

[25] Milletari F,Navab N,Ahmadi S A. V-net: Fully Convolutional Neural Networks for Volumetric Medical Image Segmentation[C]//2016 Fourth International Conference on 3D Vision (3DV). Ieee, 2016: 565-571.

[26] Çiçek Ö,Abdulkadir A,Lienkamp S S, et al. 3D U-Net: Learning Dense Volumetric Segmentation from Sparse Annotation[C]//Medical Image Computing and Computer-Assisted Intervention-MICCAI 2016: 19th International Conference.Springer International Publishing, 2016: 424-432.

[27] Hara K,Kataoka H,Satoh Y. Learning Spatio-Temporal Features with 3d Residual Networks for Action Recognition[C]//Proceedings of the IEEE International Conference on Computer Vision Workshops,2017: 3154-3160.

[28] Li W, Wang G, Fidon L,et al.On the Compactness, Efficiency, and Representation of 3D Convolutional Networks: Brain Parcellation as a Pretext Task[J]. Information Processing in Medical Imaging, 2017:348-360.

[29] Huang G, Liu Z, Van D M L, et al. Densely Connected Convolutional Networks[C]// Proceedings of the IEEE Conference on Computer Vision and Pattern Recognition,2017: 4700-4708.

[30] Zhou H Y, Guo J, Zhang Y, et al. nnFormer: Interleaved Transformer for Volumetric Segmentation[J]. arXiv Preprint arXiv,2021.

[31] Xing Z, Wan L, Fu H, et al. Diff-UNet: A Diffusion Embedded Network for Volumetric Segmentation[J]. arXiv Preprint arXiv,2023.

[32] Isensee F, Jaeger P F, Kohl S A A, et al. nnU-Net: ASelf-Configuring Method for Deep Learning-Based Biomedical Image Segmentation.[J] Nat Methods,2021,18:203-211.

[33] Ronneberger O, Fischer P, Brox T.U-Net: Convolutional Networks for Biomedical Image Segmentation[C]// International Conference on Medical Image Computing and Computer-Assisted Intervention. Springer,2015,9531: 234-241.

[34] Liang P, Chen J, Zheng H, et al. Cascade Decoder: A Universal Decoding Method for Biomedical Image Segmentation[C]//2019 IEEE 16th International Symposium on Biomedical Imaging (ISBI 2019). IEEE, 2019: 339-342.

[35] Iglovikov V, Shvets A. Ternausnet: U-net with Vgg11 Encoder pre-Trained on Imagenet for Image Segmentation[J]. arXiv Preprint arXiv, 2018.

[36] Huang J, Breheny P, Lee S, et al. The Mnet Method for Variable Selection[J]. Statistica Sinica, 2016: 903-923.

[37] Zhou Z, Siddiquee M M R, Tajbakhsh N, et al. A Nested U-Net Architecture for Medical Image Segmentation[J]. arXiv Preprint arXiv,2018.

[38] Xia X, Kulis B. W-Net: A Deep Model for Fully Unsupervised Image Segmentation[J]. arXiv Preprint arXiv, 2017.

[39] Karas G B, Burton E J, Rombouts S A R B, et al. A Comprehensive Study of Gray Matter Loss in Patients with Alzheimer's Disease Using Optimized Voxel-Based Morphometry[J]. Neuroimage, 2003, 18(4): 895-907.

[40] Salehi S S M, Erdogmus D, Gholipour A. Tversky Loss Function for Image

Segmentation Using 3D Fully Convolutional Deep Networks[C]//Machine Learning in Medical Imaging: 8th International Workshop. Springer International Publishing, 2017: 379-387.

[41] Cao H, Wang Y, Chen J, et al. Swin-Unet: Unet-Like Pure Transformer for Medical Image Segmentation[C]//Computer Vision-ECCV 2022 Workshops.Springer Nature Switzerland, 2023: 205-218.

[42] Jin Q, Meng Z, Sun C, et al. RA-UNet: A Hybrid Deep Attention-Aware Network to Extract Liver and Tumor in CT Scans[J]. Frontiers in Bioengineering and Biotechnology, 2020, 8: 1471.

[43] Chen J, Lu Y, Yu Q, et al. Transunet: Transformers Make Strong Encoders for Medical Image Segmentation[J]. arXiv Preprint arXiv, 2021.

[44] Petit O, Thome N, Rambour C, et al. U-Net Transformer: Self and Cross Attention for Medical Image Segmentation[C]//Machine Learning in Medical Imaging: 12th International Workshop. Springer International Publishing, 2021: 267-276.

[45] Isensee F, Jäger P F, Kohl S A A, et al. Automated Design of Deep Learning Methods for Biomedical Image Segmentation[J]. arXiv Preprint arXiv, 2019.

[46] Nawandhar A A,Yamujala L, Kumar N. Performance Analysis of Image Segmentation for Oral Tissue[C]// International Conference on Advances in Pattern Recognition,2018.

[47] An A, Nk B, Vr C, et al. Stratified Squamous Epithelial Biopsy Image Classifier Using Machine Learning and Neighborhood Feature Selection[J]. Biomedical Signal Processing and Control, 2020.

[48] Nawandhar A, Kumar N, Yamujala L. GPU Accelerated Stratified Squamous Epithelium Biopsy Image Segmentation for OSCC Detector and Classifier[J]. Biomedical Signal Processing and Control, 2021(2):64.

[49] Shigeta H, Mashita T, Kikuta J, et al. A Bone Marrow Cavity Segmentation Method Using Wavelet-Based Texture Feature[C]//2016 23rd International Conference on Pattern Recognition (ICPR). IEEE, 2016.

[50] Shigeta H, Mashita T, Kikuta J, et al. Bone Marrow Cavity Segmentation Using Graph-Cuts with Wavelet-Based Texture Feature[J]. J Bioinform Comput Biol, 2017, 15(05):1740004.

[51] Yuan J. Ultrasound-Guided Detection and Segmentation of Photoacoustic Signals from Bone Tissue In Vivo[J]. Applied Sciences, 2020, 11.

[52] Toubal I E, Duan Y, Yang D. Deep Learning Semantic Segmentation for High-

Resolution Medical Volumes[C]//2020 IEEE Applied Imagery Pattern Recognition Workshop (AIPR). IEEE, 2020: 1-9.

[53] Fu Y, Mazur T R, Wu X, et al. A Novel MRI Segmentation Method Using CNN-Based Correction Network for MRI-Guided Adaptive Radiotherapy[J]. Medical Physics, 2018, 45(11): 5129-5137.

[54] Trullo R, Petitjean C, Nie D, et al. Joint Segmentation of Multiple Thoracic Organs in CT Images with Two Collaborative Deep Architectures[C]//International Workshop on Deep Learning in Medical Image Analysis International Workshop on Multimodal Learning for Clinical Decision Support, 2017.

[55] Han M, Yao G, Zhang W, et al. Segmentation of CT Thoracic Organs by Multi-resolution VB-nets[C]//SegTHOR@ ISBI,2019.

[56] Kalavathi P.Brain Tissue Segmentation in MR Brain Images Using Multiple Otsu's Thresholding Technique[C]// International Conference on Computer Science & Education. IEEE, 2013.

[57] Al-Dmour H, Al-Ani A.A Clustering Fusion Technique for MR Brain Tissue Segmentation[J]. Neurocomputing, 2017, 275.

[58] Liu X, Chen D Z, Liu T L , et al. Optimal Graph Search Based Segmentation of Airway Tree Double Surfaces Across Bifurcations[J].IEEE Transactions on Medical Imaging,2013, 32(3):493-510.

[59] Morita Y, Yamashiro T, Tsuchiya N, et al. Automatic Bronchial Segmentation on ultra-HRCT Scans: Advantage of the 1024-Matrix Size with 0.25-mm Slice Thickness Reconstruction[J]. Japanese Journal of Radiology, 2020, 38(3).

[60] Sun S, Guo Y, Guan Y, et al. Juxta-Vascular Nodule Segmentation Based on Flow Entropy and Geodesic Distance[J].IEEE Journal of Biomedical & Health Informatics,2017, 18(4):1355-1362.

[61] ShengY, Fan, Yue Y, et al. Unsupervised Cerebrovascular Segmentation of TOF-MRA Images Based on Deep Neural Network and Hidden Markov Random Field Model[J]. Frontiers in Neuroinformatics, 2019, 13:77-77.

第11章 生菜识别及性状分析

MACHINE VISION

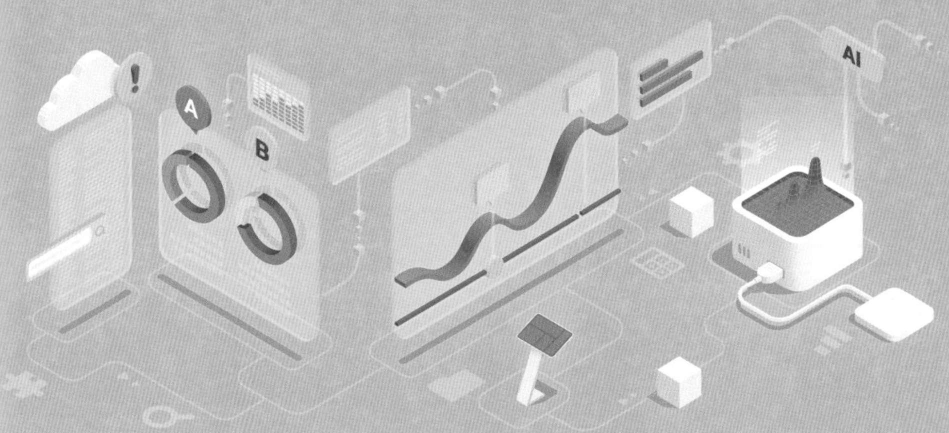

11.1 背景介绍

生菜是一种具有很高经济效益和营养价值的叶类蔬菜，在全世界范围内广泛种植。生菜味道鲜美爽口，可用于制作蔬菜沙拉、涮火锅、做汉堡辅料等。此外，生菜具有低的能量和丰富的维生素，是一种具有保健作用的蔬菜。生菜具有快速的生长率，并且一年能收获多次，然而它对环境的敏感性高，对盐碱土地的适应性低。因此，通过检测生菜的生长性状来评估生菜的质量，并且确定生菜的收获时间非常重要。一般用生菜的鲜重（FW）、干重（DW）、高度（H）、直径（D）和叶面积（LA）这五项生菜的性状参数来表征生菜的质量。

植物的性状分析是农业研究领域的重要分支，对科学育种、收割管理、确定收获时间都具有重要意义。然而，传统的植物性状分析通常以人工测量为主，这将需要投入大量的人力物力，不仅非常耗时，对操作人员的技术性要求高，依赖操作人员的经验，并且会受到人的疲累程度和心理状态的影响，从而造成数据的不准确。随着计算机水平的飞速发展，无损检测方式越来越受到关注，该方式对于植物的性状估计具有巨大的潜力。一些研究将机器学习引入无损检测，Chen 等人将随机森林、支持向量机、线性回归等多种机器学习方法应用于植物性状估计。

卷积神经网络具有良好的特征提取能力，与机器学习算法相比，卷积神经网络往往具有更好的性能，并且稳定性较好，因此近年来卷积神经网络越来越多地被应用于农业领域。卷积神经网络在农业领域的应用通常用于完成分类任务，比如植物的疾病诊断、杂草的辨识等，完成回归任务的研究，特别是采用回归方式完成植物性状估计问题的任务开展较少。Ferreira等人设计了一种用于估计冬小麦性状的卷积神经网络。Zhang等人将卷积神经网络应用于生菜的鲜重、干重和叶面积的估计。

为了进一步实现更加精确的生菜性状估计效果，在本章中提出一种考虑不同生菜性状相关性的三阶段多分支自校正生菜性状估计网络，简称为TMSCNet。该网络以RGB图像和深度图像作为输入，评估生菜的鲜重、干重、高度、直径和叶面积。

11.2 定义问题

在解决问题前，清晰地定义问题是关键和前提。本章主要研究的问题是生菜的性状估计，如上所述，生菜的性状包括鲜重（FW）、干重（DW）、高度（H）、直径（D）和叶面积（LA），由于这五项生菜的性状均为连续的数值，而不是离散分类，因此，当前问题归纳为回归任务。此外，该输出包含多项数据，因此该问题还是多输出问题。

- 问题类型：多输出回归。
- 输入：RGB图像和深度图像。
- 输出：生菜的鲜重、干重、高度、直径和叶面积的值。

11.3 数据分析

11.3.1 数据内容及结构

本章所使用的数据来自瓦赫宁根大学和腾讯联合组织的全球机器视觉挑战赛，数据获取网址见前言二维码中链接47。

数据集中共包含340张用于训练的生菜图像数据，50张用于测试的生菜图像，图像数据如图11.1所示。从图中可以看出生菜在采集的图像中仅占很小的比例，此外生菜的性状随着生长将产生很大的差异，并且不同类别的生菜也具有较显著的区别，这使得生菜的性状估计任务变得更加复杂。

图11.1 数据集中的图像示例

如图11.2所示，采集了4个品种的生菜的生长过程，这四个生菜品种分别是：Aphylion、Lugano、Salanova和Satine。数据集共采集了70株生菜，它们采用水培方式培养，采集完图像后将进行破坏性测量，以获得生菜的各个性状的标签值。

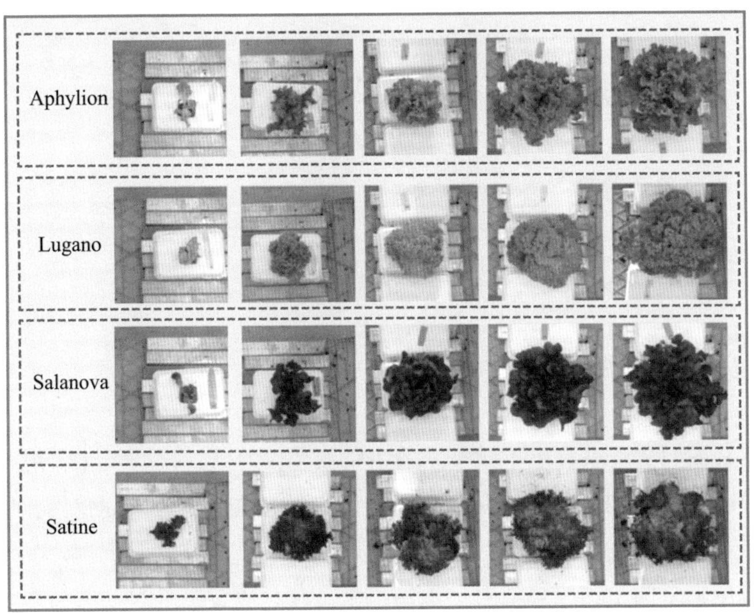

图11.2　四种生菜类别及其生长过程

以上图像是输入数据，为了使模型能够通过图像评估生菜的性状，数据集中提供了与图像对应的标签文件用以训练模型。该标签文件用Json文件进行组织，该文件中包括各个生菜性状的测量结果及RGB图像和深度图像的文件名，如图11.3所示。该文件中说明了相机的内参、生菜的种类等信息，对于性状的测量值，每张图像给出了对应的五个生菜性状参数值、图文件名及生菜的类别。

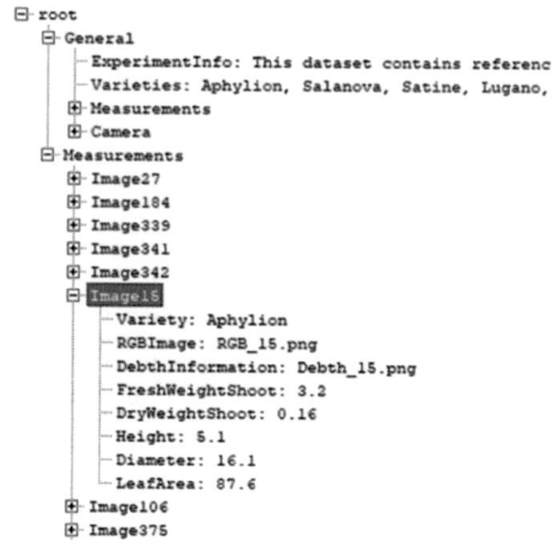

图11.3　标签文件的数据结构

11.3.2 数据相关性分析

从图11.2可以看出不同类别的生菜颜色、性状、尺寸及生长规律存在较明显的区别，因此直观来看，尽管生菜的类别不是目标输出，但类别对生菜的性状是具有明显影响作用的。此外，根据一般常识，生菜的鲜重与生菜的干重应该具有一定的关系，并且随着生菜直径的增大，生菜的整体体积将增大，叶面积、株高、重量都将增大。

为了印证上述猜想，并且为了进一步探究不同生菜性状参数之间的关系及类别对生菜性状的影响，对各个参数进行了相关性分析。相关性分析是对两个及两个以上的变量进行分析，是衡量它们的密切程度的一种分析方式。

各个生菜性状的相关性分析热力图如图11.4所示。图中的数据表示的是该格子数字对应的行列标注的生菜性状的相关性系数，从图中可以看出各个性状体现出强烈的相关性，如干重和鲜重的相关性达到0.96，鲜重和叶面积的相关性达到0.91，其中高度和直径的相关性相对较低，但也达到了0.78。

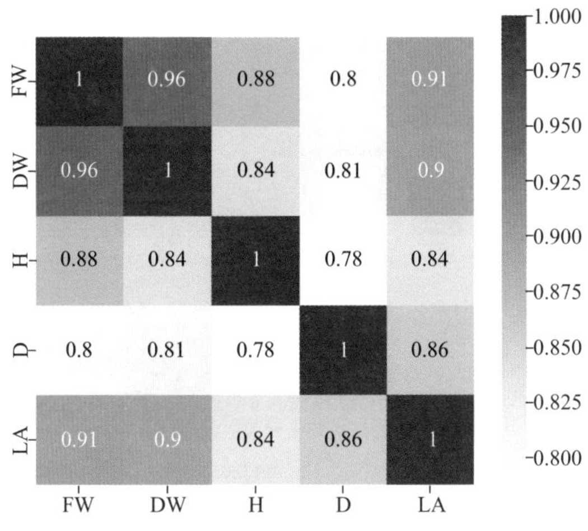

图11.4　各个生菜性状的相关性分析

接着，对不同类别的生菜性状进行分类别的相关性分析。不同类别生菜不同性状的相关性分析如图11.5所示。从四张子图可以看出不同类别的各个生菜性状的相关性存在较明显的差异，比如，Satine类别的生菜干重和鲜重的相关性系数高达0.99，而Lugano类别的生菜干重和鲜重的相关性系数仅为0.89。Salanova类别的生菜的干重和叶面积的相关性系数高达0.94，而Lugano类别的生菜干重与叶面积的相关性系数的值仅为0.86。

表11.1至表11.5更加清晰地展示了不同类别的各个性状的相关性系数。从表中的数据可以得出两点结论：一是不同类别的生菜性状间存在显著差异，即类别对生菜的性状数据具有重要作用；二是生菜的不同性状间存在高度的相关性，忽视它们的相关性将是不合理的，不同生菜性

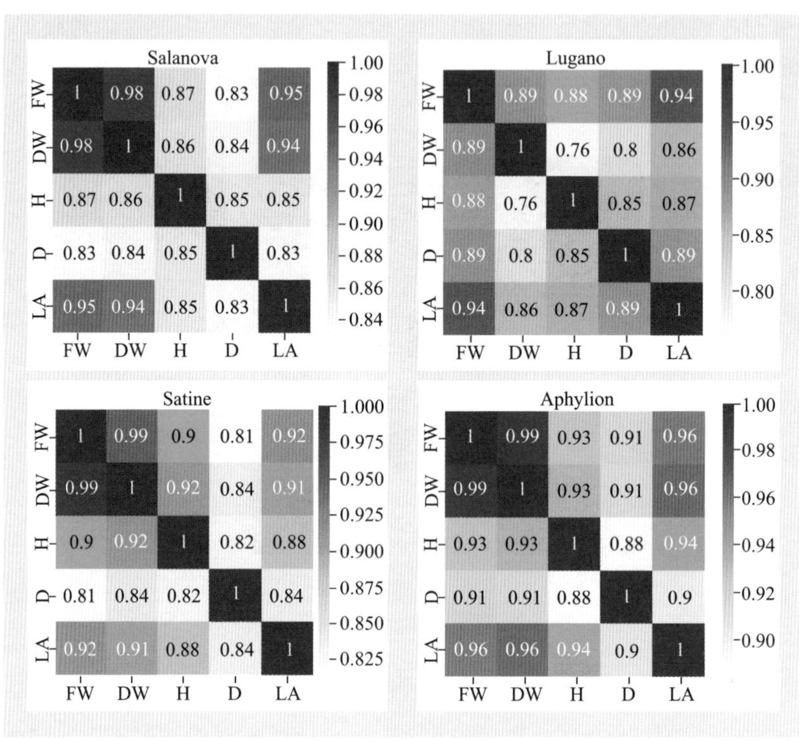

图11.5 不同类别生菜的各个性状的相关性分析

状参数之间可以互相影响，并且可以由其中一个性状推导其他生菜性状的数值。

表11.1 不同类别生菜的鲜重（FW）与其他性状的相关性

性状	相关性系数				
	Salanova	Lugano	Satine	Aphylion	All
DW	0.98	0.89	0.99	0.99	0.96
H	0.87	0.88	0.90	0.93	0.88

续表

性状	相关性系数				
	Salanova	**Lugano**	**Satine**	**Aphylion**	**All**
D	0.83	0.89	0.81	0.91	0.80
LA	0.95	0.94	0.92	0.96	0.91

表11.2　不同类别生菜的干重（DW）与其他性状的相关性

性状	相关性系数				
	Salanova	**Lugano**	**Satine**	**Aphylion**	**All**
FW	0.98	0.89	0.99	0.99	0.96
H	0.86	0.76	0.92	0.93	0.84
D	0.84	0.80	0.84	0.91	0.81
LA	0.94	0.86	0.91	0.96	0.90

表11.3　不同类别生菜的高度（H）与其他性状的相关性

性状	相关性系数				
	Salanova	**Lugano**	**Satine**	**Aphylion**	**All**
FW	0.87	0.88	0.90	0.93	0.88
DW	0.86	0.76	0.92	0.93	0.84
D	0.85	0.85	0.82	0.88	0.78
LA	0.85	0.87	0.88	0.94	0.84

表11.4　不同类别生菜的直径（D）与其他性状的相关性

性状	相关性系数				
	Salanova	**Lugano**	**Satine**	**Aphylion**	**All**
FW	0.83	0.98	0.81	0.91	0.80
DW	0.84	0.80	0.84	0.91	0.81
H	0.85	0.85	0.82	0.88	0.78
LA	0.83	0.89	0.84	0.90	0.86

表11.5　不同类别生菜的叶面积（LA）与其他性状的相关性

性状	相关性系数				
	Salanova	**Lugano**	**Satine**	**Aphylion**	**All**
FW	0.95	0.94	0.92	0.96	0.91
DW	0.94	0.86	0.91	0.96	0.90
H	0.85	0.87	0.88	0.94	0.84
D	0.83	0.89	0.84	0.90	0.86

11.4 数据处理

11.4.1 数据加载及预处理

由于用于训练模型的数据集中的图像中，生菜仅在图像中占有很小的面积，这将使得图像中有许多多余信息，且会干扰学习效果，增加学习负担，因此在数据处理时需要将图像进行裁剪，以保留图像中生菜的区域。由于图像中生菜基本位于图像中心，因此以图像的中心作为裁剪中心。采用正方形的裁剪框，避免数据缩小时，图像产生变形，造成参数预测不准确。根据最大的生菜直径，及生菜中心偏离图像中心的区域，确定600×600像素的中心裁剪形式。裁剪后的图像尺寸仍然较大，为了提高训练速度和效果，将裁剪后的图像缩小为64×64像素。数据处理过程如图11.6所示。

这里给出单张图像的数据加载、裁剪及缩放处理的自定义函数代码。

首先，导入所需的库。

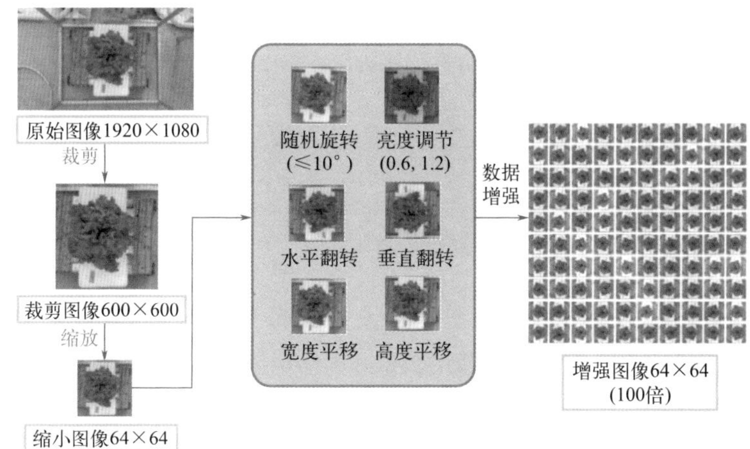

图11.6　数据的加载及数据增强流程示意图

```
import numpy as np
import glob
from PIL import Image
```

接着，编写自定义数据处理函数。给出缩放后的尺寸像素值及裁剪框的像素范围。图像的操作过程是利用PIL库的Image模块。自定义函数在调用时需传入图像的名称。

```
##图片裁剪变形
shape=64
box = [750, 250, 1350, 850]   #裁剪框像素范围
def crop_resize(name):
    img=Image.open(f+name) #打开图像
    img=img.crop(box) #裁剪图像
    img=img.resize((shape,shape)) #缩放图像
    img.save(f+'RGB_change/'+name) #保存图像
```

最后，加载图像路径，并批量执行自定义的数据处理函数。可以利用glob库实现图像路径的批量加载，接着利用函数推导式批量运用自定义函数。

```
#读入图片名
name=[p.split('\\')[-1] for p in glob.glob('E:/dataset/lettuce/train/'+'RGB_*.png')]
#批量执行自定义函数
[crop_resize(n) for n in name]
```

11.4.2 数据增强

由于数据集中，总的数据量很小，仅340张，这对于神经网络的训练非常不利，因为通常大规模的数据才能够训练出表现良好的神经网络。为了解决数据量小的问题，对训练数据进行数据增强。数据增强是一种通过旋转、移动、裁剪、亮度调节等图像处理操作实现图像成倍扩充的方法，广泛应用在以图像为输入的神经网络的数据处理过程。为了进一步增加数据增强的随机性，增加增强后图像的随机性，并且保证不改变图像中生菜的尺寸，借助Keras库中的图像处理函数进行随机数据增强，数据增强的方式采用随机旋转、亮度调节、水平翻转、垂直翻转、宽度平移和高度平移6种方式。为了尽可能使增强后的图像与原图像接近，旋转角度仅选择10度以内，宽度和高度的平移也仅采取很小量。

下面给出采用Keras库执行随机数据增强的实例代码。

首先，导入库。

```
from tensorflow.keras.preprocessing.image import ImageDataGenerator,load_img,img_to_array
```

接着，定义数据增强自定义函数，该自定义函数中需首先创建图像增强对象，接着循环进行数据增强，最后可以将增强后的图像存储至指定文件夹。loop_num用于指定增强的倍数。

```
loop_num=100
def augment(name,loop_num):
    #创建图片增强对象
```

```
    datagen = ImageDataGenerator(
     rotation_range=5*np.random.rand(),
     width_shift_range=0.01,
     height_shift_range=0.01,
     horizontal_flip=True,
     vertical_flip=True,
     fill_mode='nearest')
  #图片增强
    for i in range(len(name)):
     img = load_img(f + 'RGB_change/' + name[i])  #加载图像
         img = img_to_array(img)  # 图像转换成数组
         img = img.reshape((1,) + img.shape)  # 扩充维度，满足数据生成要求
         k, j = 0, 0
     for batch in datagen.flow(img, batch_size=1,
                        save_to_dir=f+'RGB_aug',
                        save_prefix=os.path.splitext(name[i])[0],
                        save_format='png',
                        seed=1):  # 设置随机种子，每次生成的图的效果相同
             k += 1
       if k >loop_num:
          break
```

11.4.3 标签加载

在模型的训练阶段，不仅要向网络中不断送入输入数据，还需要向网络中送入对应的标签数据。在本例中，标签数据被存储在Json文件中，因此需要读取该文件，并加载所需的标签数据。

首先，加载标签数据处理过程中所需的库。

```
import numpy as np
import pandas as pd
```

接着，读入Json文件，并删除其他信息。读入文件使用Pandas库。

```
#读入
df=pd.read_json(f_json)
#删除多余行
df=df.drop(['ExperimentInfo', 'Varieties', 'Measurements', 'Camera'],axis=0)
df=df.drop(['General'],axis=1)
```

然后，获取所需的数据及对应的图片名称的索引，通过字典的键查找并加载。

```
#获取值和索引
index=[i.split('Image')[-1] for i in list(df.index)] #图片顺序
value=(df.values).squeeze()
```

最后，分离各个变量，得到各性状的数值数组。这里也是使用字典的键进行查找，并用列表推导式循环遍历。

```
#分离各个变量
variety=[v['Variety'] for v in value]
fw=[v['FreshWeightShoot'] for v in value]
dw=[v['DryWeightShoot'] for v in value]
h=[v['Height'] for v in value]
dia=[v['Diameter'] for v in value]
area=[v['LeafArea'] for v in value]
```

由于数据分析阶段，分析得到生菜的类别对生菜的各性状数值具有明显的影响，因此，在这里也对生菜的类别信息进行获取，并且将其转化为用数字表示的类别。代码如下：

```
#把类别转换为数字
kind=dict((num,var) for num,var in enumerate(np.unique(variety)))
variety=[list(kind.values()).index(var) for var in variety]
```

11.5 模型搭建

11.5.1 三阶段多分支自校正网络设计思路

模型是无损检测生菜性状的核心，搭建模型就是根据实际任务，利用神经网络搭建工具，编写包含输入输出和各类隐藏层的代码。在本节中采用TensorFlow2的Keras库实现神经网络的搭建。该库已在数据增强小节有所使用。Keras是一种重要且典型的神经网络框架，也是一种高级的神经网络API，其具有强大的功能和良好的封装性，使得神经网络的搭建过程被大大简化。

由于网络是以图像作为输入的，因此采用卷积神经网络。一般的卷积网络通常以图像作为输入，以类别或数值的单项内容作为输出，而本章研究内容涉及5项输出，因此需要采用多输出的卷积神经网络。在数据分析阶段，通过不同生菜性状的相关性分析发现，这5项生菜性状高度相关，因此忽视各性状之间的相关性是不恰当的，并且利用各个性状之间的相关性进一步优化所预测的结果，将是一个很好的思路。此外，尽管生菜的类别并不是任务所要求的输出，然而通过数据分析发现，不同类别的生菜的性状存在明显差异，因此也需在模型中考虑生菜的类别。

作为输入数据的图像，既有RGB图像，也有深度图像。RGB图像是一种包含丰富颜色信息的直观的图像数据，而深度图像是一种看起来近似黑色的存储了场景深度信息的图像。由于深度图像存储了场景的深度信息，而生菜的高度与深度信息存在明显的关联，因此，直观来看，使用深度图像预测生菜的高度，将比使用RGB图像预测生菜的高度更加合适。

通过以上的分析，设计了一种三阶段多分支自校正的生菜性状估计网络（a three-stage multi-branch self-correcting trait estimation network），简称TMSCNet。网络整体示意图如图11.7所示。从图中可看出网络共分为三个阶段，第一个阶段包含三个模型Model_11, Model_12, Model_13，第二个阶段和第三个阶段各包含一个模型Model_2，Model_3。输入的图像是经过数据处理后的RGB图像和深度图像。图中的各个输出参数用不同颜色表示，橘色表示初始结果，玫红色表示校正结果，绿色表示最终结果，紫色表示中间结果。

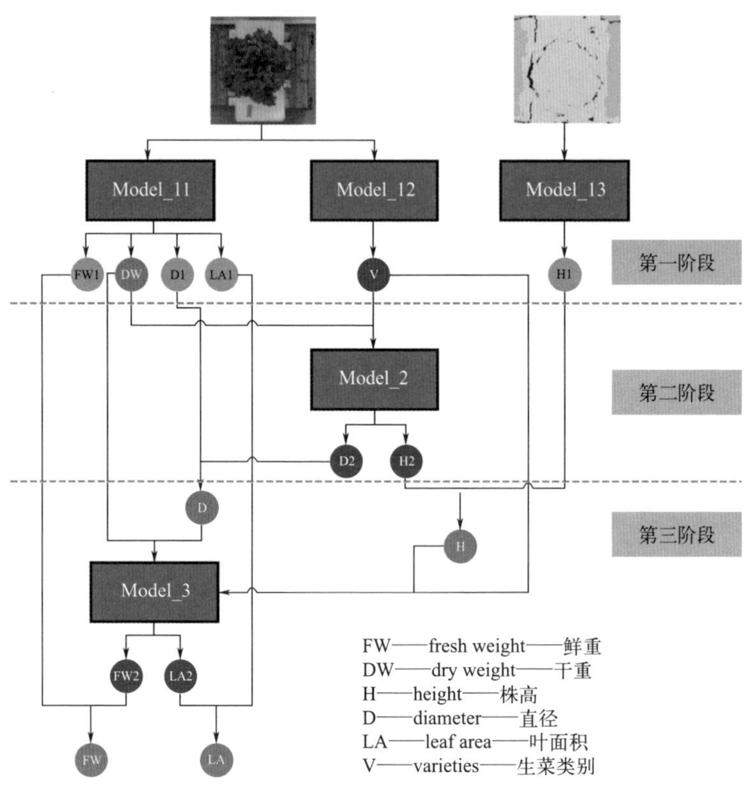

图11.7 三阶段多分支自校正生菜性状估计网络整体思路示意图

在三阶段的网络结构中有2个子模型构成主模型，它们是Model_11和Model_13，这两个网络都采用卷积神经网络，主模型是TMSCNet中贡献最大的模型，也是输出结果的主要依据。

其他3个模型是辅助模型，它们是Model_12、Model_2、Model_3，辅助模型是TMSGNet的调节网络，用于校正主模型的输出结果，起到结果优化的作用，其中Model_12采用卷积神经网络，而Model_2和Model_3采用全连接神经网络。TMSCNet中各个模型的类型如图11.8所示。

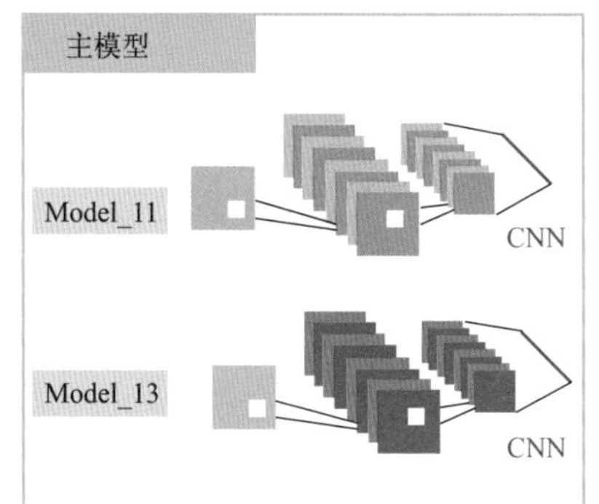

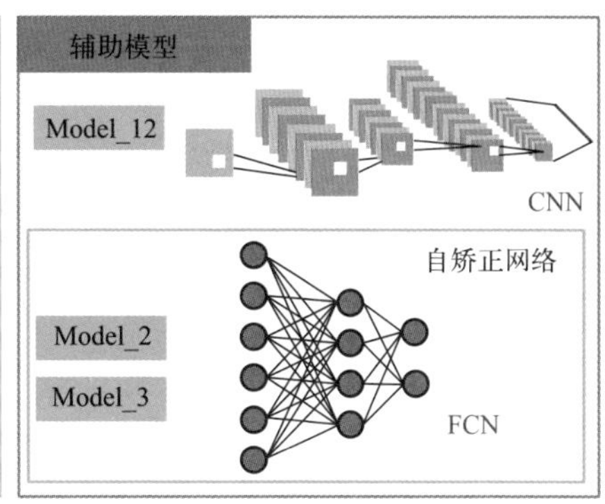

图11.8　TMSCNet的主模型和辅助模型网络类型示意图

一般的植物性状估计网络通常直接以图像作为输入，以目标参数作为输出进行预测，而忽略了植物的类别对植物性状的影响以及各个性状之间的相互关系。本章所提出的网络结构尽管整体思路较复杂，但充分考虑了类别对生菜性状的影响，并且充分利用了各个生菜性状之间的相关性进行结果的自动纠正和调节，并且从后续的评估结果看出，校正后的结果与其他方法相比具有较明显的优势。

11.5.2 主模型

主模型是TMSCNet中最主要的模型，也是生菜性状估计的核心。主模型的网络结构如图11.9所示。

Model_11 网络是以RGB图像作为输入，以生菜的鲜重、干重、直径和叶面积的值作为输出，它的网络结构采用多输出的卷积网络。

搭建卷积网络需要首先导入模型所需要的库，即TensorFlow下的Keras库，导入layers子模块后就可以添加具有特定功能的网络层结构，*表示导入layers下的所有层函数。

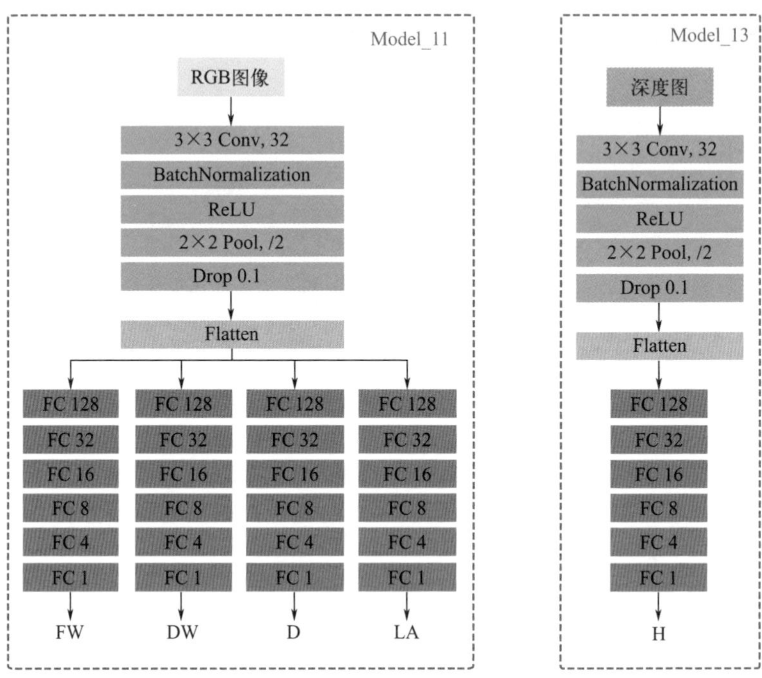

图11.9 TMSCNet的主模型网络结构示意图

```
from tensorflow.keras.layers import *
```

如图11.9所示，Model_11网络结构中包括卷积层、批标准化层、激活函数层、池化层、丢弃层、打平层和全连接层。从图中可看出网络在打平层后有4个并列的分支，这4个分支的网络结构完全相同。

· 卷积层：输入图像的尺寸为64×64像素，图像的通道数为3，过滤器的核尺寸为3×3，过滤器的数量为32。

· 批标准化层：用于使输入的数据处理至标准化分布，从而加速网络的学习收敛速度，避免梯度消失。

· ReLU激活函数层：对数据进行非线性变换，并且防止数据过大造成的溢出。

· 最大池化层：池化核大小为2×2，步长为2，可缩小输入数据的热图尺寸。

· Drop丢弃层：舍弃一部分参数，加速训练，避免梯度消失。

· Flatten打平层：将数据拉平，减小维度。

· Dense全连接层：构建多重隐藏层，增强拟合能力。共包含6层全连接层，输出神经元数分别为：128、32、16、8、4、1。前5层的激活函数为ReLU，最后的输出层的激活函数为Linear。

为了便于读者进一步理解网络结构，这里对模型搭建过程的代码进行展示。

首先，设置一系列网络模型的超参数，便于后续通过超参数的调节，快速调整网络，以使网络达到更好的预测效果。这些超参数包括舍弃率，卷积核、池化核尺寸，过滤器数量，神经元个数等。

```
#超参数设定
units=128
kernel_size=3
pool_size=2
dropout=0.1
n_filters=32
layers=1
n=4
```

接着，搭建一个自定义的网络层函数，为了便于网络快速搭建在4个分支的公共部分，即卷积层、批标准化层、池化层等结构的快速创建，这里设置一个for循环函数。

```
def mymodel(x):
    filters=n_filters
    for i in range(layers):
        x = Conv2D(filters=filters,
                   kernel_size=(kernel_size, kernel_size),
```

```
            padding='same')(x)
        x = BatchNormalization()(x)
        x = Activation('relu')(x)
        x = MaxPool2D(pool_size=(pool_size, pool_size), strides=2)(x)
        x = Dropout(dropout)(x)
        filters *= 2

    x=Flatten()(x)
```

通过该段代码，读者可以学习网络搭建的方法和基本参数，同时学会将循环与网络搭建过程结合，以提高网络搭建效率。

接着，经过打平操作后，需要编写4个具有相同结构的分支，为了使读者更直观地理解这几个分支，编写代码时将各个分支进行独立编写。

```
    x1 = Dense(units, activation='relu')(x)
    x1 = Dense(units / n, activation='relu')(x1)
    x1 = Dense(units / 2*n, activation='relu')(x1)
    x1 = Dense(units / 4*n, activation='relu')(x1)
    x1 = Dense(units / 8 * n, activation='relu')(x1)
    out_fw = Dense(1,activation='linear', name='out_fw')(x1)

    x2 = Dense(units, activation='relu')(x)
    x2 = Dense(units / n, activation='relu')(x2)
    x2 = Dense(units / 2*n, activation='relu')(x2)
    x2 = Dense(units / 4*n, activation='relu')(x2)
    x2 = Dense(units / 8 * n, activation='relu')(x2)
    out_dw = Dense(1,activation='linear',  name='out_dw')(x2)

    x3 = Dense(units, activation='relu')(x)
    x3 = Dense(units / n, activation='relu')(x3)
    x3 = Dense(units / 2*n, activation='relu')(x3)
    x3 = Dense(units / 4*n, activation='relu')(x3)
    x3 = Dense(units / 8 * n, activation='relu')(x3)
    out_h = Dense(1, activation='linear', name='out_h')(x3)

    x4 = Dense(units, activation='relu')(x)
    x4 = Dense(units / n, activation='relu')(x4)
    x4 = Dense(units / 2*n, activation='relu')(x4)
    x4 = Dense(units / 4*n, activation='relu')(x4)
    x4 = Dense(units / 8 * n, activation='relu')(x4)
    out_dia = Dense(1,activation='linear',  name='out_dia')(x4)

    x5 = Dense(units, activation='relu')(x)
```

```
x5 = Dense(units / n, activation='relu')(x5)
x5 = Dense(units / 2*n, activation='relu')(x5)
x5 = Dense(units / 4*n, activation='relu')(x5)
x5 = Dense(units / 8 * n, activation='relu')(x5)
out_area = Dense(1,activation='linear', name='out_area')(x5)

return [out_fw,out_dw,out_h,out_dia,out_area]
```

从这段代码可以看出全连接层的编写方法，为了使得在后续训练网络时参数能够正确传递，需要在输出层指定层的名称，不仅用以区分各个输出的功能，更利于数据的正确匹配。

最后，指定输入层，调用自定义的函数模型，创建模型。这里的shape指图像的尺寸，将其设置为超参数便于模型调优。

```
inputs=Input(shape=(shape,shape,3))
outputs=mymodel(inputs)
model=tf.keras.Model(inputs=inputs,outputs=outputs)
```

Model_13网络是以将深度图转化为伪彩图，并经过数据处理后的图像作为输入，以生菜的高度值作为输出，它的网络结构采用单输出的卷积网络。它的网络结构与Model_11基本一致，只是输入的数据不同，并且在打平层后没有多个分支，而仅设置一个高度分支，其网络结构如图11.9右图所示。

由于其网络结构及代码编写与Model_11类似，因此这里不再展示其模型搭建代码。

11.5.3 辅助模型

TMSCNet的辅助模型网络结构示意图如图11.10所示，TMSGNet的辅助模型包括3个，分别为Model_12、Model_2和Model_3，这三个模型从模型名称上即可看出分布在整体网络的三个阶段。Model_12用于预测生菜的类别，Model_2和Model_3用于实现生菜的校正。由于这3个模型可以添加，也可以不添加，对生菜性状的结构起到调节校正的作用，但不具有主要的决定作用，因此把它们称作辅助模型。

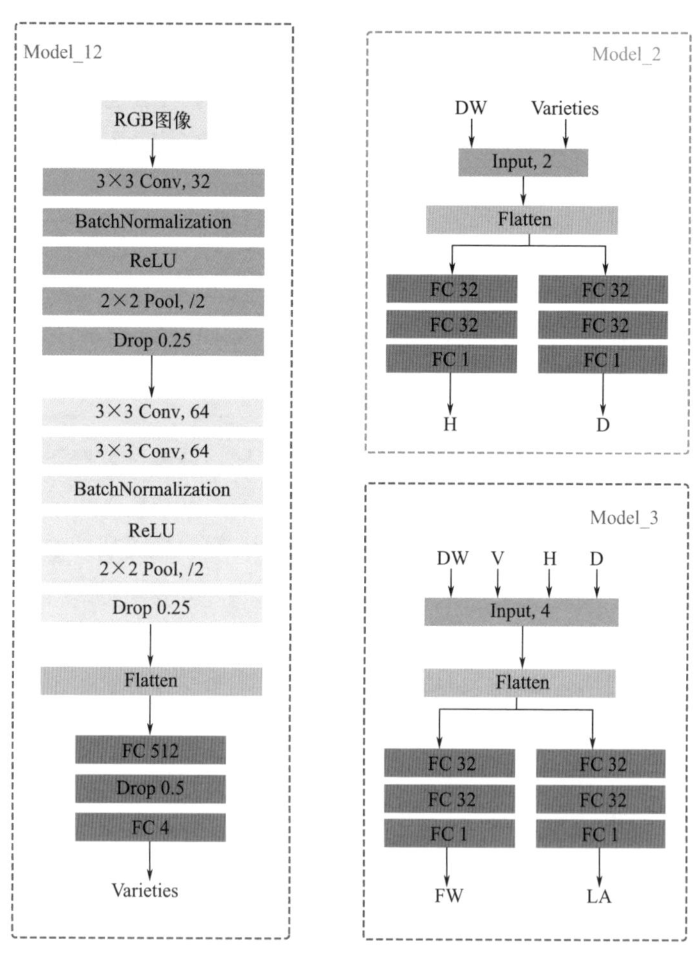

图11.10 TMSCNet的辅助模型网络结构示意图

Model_12是一个以RGB图像作为输入，输出生菜类别的分类卷积神经网络，它与Model_11和Model_13的性质并不相同，不是回归网络，而是分类网络，因为生菜的类别数是确定的，并且是离散数值。

Model_12的网络结构如图11.10的左图所示，它的网络结构不同于Model_11和Model_13，整体网络包含三个卷积层。第二层和第三层卷积构成了双卷积层。在构建该网络时也需首先导入网络构建的库。

由于该网络不是主模型，因此对参数的调节要求不高，其代码编写过程如下。

```
inputs = Input(shape=imput_shape)

x = Conv2D(32, (3, 3), padding='same')(inputs)
x = BatchNormalization()(x)
x = Activation('relu')(x)
x = MaxPool2D(pool_size=(2, 2), strides=2, padding='same')(x)
x = Dropout(0.25)(x)

x = Conv2D(64, (3, 3), padding='same')(x)
x = Conv2D(64, (3, 3), activation='relu')(x)
x = BatchNormalization()(x)
x = Activation('relu')(x)
x = MaxPool2D(pool_size=(2, 2), strides=2, padding='same')(x)
x = Dropout(0.25)(x)

x = Flatten()(x)
x = Dense(512, activation='relu')(x)
x = Dropout(0.5)(x)
outputs = Dense(4, activation='softmax')(x)

model = tf.keras.Model(inputs, outputs)
```

根据网络的结构可以将网络划分为三部分，前两部分是卷积层，最后一部分是全连接层。两部分卷积网络的结构类似，第二部分结构中的卷积采用了双卷积层，其中第一个卷积层未使用激活函数，第二个卷积层使用ReLU激活函数。每部分的卷积结构都有卷积层、批标准化层、激活函数层、最大池化层和丢弃层。全连接部分仅使用了一个有512个神经元数的隐藏层，在最后输出前对参数进行舍弃，舍弃一半的数据。由于是4分类的分类网络，因此输出层的神经元数设置为4，激活函数使用Softmax函数。

Model_12是一个生菜类别预测的分类网络，它的输出类别将作为第二阶段模型的输入之一，因此真正意义上讲，Model_2和Model_3是辅助模型中真正具有调节功能的两个网络。图11.10的右图展示了Model_2和Model_3的网络结构，从图中可看出两个网络不再是以图像作为输入，而是以数组作为输入，输出部分生菜的参数，它们的网络结构相似，仅输入的类型和数量不同，输出部分均由两个全连接分支构成，全连接层的数量及单元数也相同，但输出的数据是不同的生菜类别。

其中，Model_2是以Model_11预测得到的生菜性状中的干重和Model_12模型预测得到的生菜类别作为输入，以生菜的高度和直径作为输出。输出得到的高度和直径将用来校正第一阶段得到的高度和直径，通过加权求和后得到新的经过校正的高度和直径，如式（11-1）所示。式中脚标中的数字表示数据是第几阶段取得的结果，k表示权重因子，其中k_H和k_D的值分别为0.59和0.98。

$$
\begin{aligned}
y_H &= y_{H1} \times k_H + y_{H2} \times (1 - k_H) \\
y_D &= y_{D1} \times k_D + y_{D2} \times (1 - k_D)
\end{aligned}
\tag{11-1}
$$

为了便于读者进一步理解Model_2的网络结构，以下给出该模型的搭建代码。

```
inputs=Input(shape=(2,))
y=Flatten()(inputs)

out_h=Dense(32,activation='relu')(y)
out_h=Dense(32,activation='relu')(out_h)
out_h=Dense(1,name='out_h')(out_h)

out_dia=Dense(32,activation='relu')(y)
out_dia=Dense(32,activation='relu')(out_dia)
out_dia=Dense(1,name='out_dia')(out_dia)

model=Model(inputs=inputs,outputs=[out_h,out_dia])
```

模型输入2组后，经过打平操作降维，接着分为两个分支，两分支的结构相同，都包含2个神经元数，激活函数为ReLU的全连接层，最后输出结果。同样地，在此处多分支的输出层需要指定名称，便于数据传递。

Model_3与Model_2类似，它是以Model_11预测得到的生菜性状中的干重，Model_12模型预测得到的生菜类别、Model_2校正后的直径和高等4个参数作为输入，以生菜的鲜重和叶面积作为输出。输出得到的鲜重和叶面积将用来校正第一阶段得到的鲜重和叶面积，通过加权求和后，得到新的经过校正的鲜重和叶面积，如式（11-2）所示。式中脚标中的数字表示数据是第几阶段取得的结果，k表示权重因子，其中k_{FW}和k_{LA}的值分别为0.60和0.96。

$$
\begin{aligned}
y_{FW} &= y_{FW1} \times k_{FW} + y_{FW3} \times (1 - k_{FW}) \\
y_{LA} &= y_{LA1} \times k_{LA} + y_{LA3} \times (1 - k_{LA})
\end{aligned}
\tag{11-2}
$$

经过以上的加权计算后，生菜的鲜重和叶面积也通过其他生菜性状被进一步校正。Model_3网络的搭建类似于Model_2，这里不再说明。

11.6 模型训练

11.6.1　训练参数设置

各个网络模型搭建好后，还需要指定模型的训练参数、损失函数和优化方法。

· 损失函数Loss：用于计算预测结果和标签值的差距，又叫作代价函数。

· 优化器Optimizer：用于进行梯度运算，实现网络的参数更新。

· 测量Metrics：评价指标，用于评价训练过程的好坏。

在回归任务中，损失函数多采用均方误差MSE，评价函数采用均方根误差MAE，在整体网络结构中，除Model_2外，其余模型均为回归模型。在分类任务中，损失函数多采用交叉熵cross-entropy，评价函数多采用准确率accuracy。回归任务的优化器使用adam，其学习率设置为0.005。

对于回归模型，模型的编译代码如下。

```
model.compile(
    optimizer=tf.keras.optimizers.Adam(learning_rate=0.005),
    loss='mse',
    metrics=['mae'])
```

对于分类模型，模型的编译代码如下。

```
model.compile(optimizer='adam',
          loss='sparse_categorical_crossentropy',
          metrics=['sparse_categorical_accuracy'])
```

以上参数设置及代码编写仅供参考，当对优化器进行简写时，其学习率值为默认学习率。

模型训练过程通过Keras的fit函数实现。该函数需要指定训练数据、验证数据、循环的次数和批次。

下面给出分类网络的模型训练代码。

```
history=model.fit(img_ds, var_ds,
        shuffle=True,
        batch_size=32,
        epochs=50,
        validation_split=0.1)
```

从代码中可看出，一次加载32张图像数据及其对应的标签，数据集一共循环32次，数据中10%的数据用于作验证数据。

在数据量很大时，通常使用数据生成器来逐次生成指定批次的数据，以减小计算机设备的内存占用，对于生菜的Model_1来说，一次加载的标签数据较多，对计算机的运行要求较高，因此使用数据生成器构建数据集。这里借助TensorFlow的Dataset函数。

```
img_ds=tf.data.Dataset.from_tensor_slices(img_ds)
all_ds=tf.data.Dataset.from_tensor_slices((fw_ds,dw_ds,h_ds,dia_ds,area_ds))

batch_size=32
dataset=tf.data.Dataset.zip((img_ds,all_ds))
dataset=dataset.repeat().shuffle(100).batch(batch_size).prefetch(tf.data.experimental.
                                                              AUTOTUNE)

n_test=int(len(img_path)*0.2)
n_train=len(img_path)-n_test
dataset_train=dataset.skip(n_test)
dataset_test=dataset.take(n_train)
```

当数据以该形式送入网络时，网络训练过程的设置与分类网络的设置将有所区别，其代码如下:

```
history=model.fit(dataset_train,
            steps_per_epoch=n_train//batch_size,
            epochs=50,
            validation_data=dataset_test,
            validation_steps=n_test//batch_size,
            shuffle=True )
```

从中可看出训练数据的加载方式需要根据生成器中设置的批次和总的训练数据来确定，验证数据也需单另添加，并且指定步数。History用于存储训练的结果，便于训练结果的展示和分析。

11.6.2 训练曲线及结果分析

在训练过程中将训练结果存储到history变量中，即可通过读取该变量中存储的数据绘制训练过程中的图像。这里以分类模型的训练结构为例说明如何加载并绘制训练结果曲线。

首先，导入绘图使用的matplotlib库。

```
import matplotlib.pyplot as plt
```

然后，用创建子图的方式将损失和准确率的曲线绘制在一张图像上。其中图像的横坐标就是循环的次数，使用history.epoch即可加载，对应的损失可用history.history[‘loss’]加载。legend是图例，用以区分和标注训练曲线和验证曲线。准确率曲线也按照类似的方法进行绘制。当需将两张或多张子图绘制在一张图像中时，可使用subplot创建子图。

```
plt.subplot(1,2,1)
plt.plot(history.epoch,history.history['loss'],label='train_loss')
plt.plot(history.epoch,history.history['val_loss'],label='test_loss')
plt.legend()
plt.xlabel('Epoch')
plt.ylabel('Loss')
plt.title('The loss curve of Model_12')

plt.subplot(1,2,2)
plt.plot(history.epoch,history.history['sparse_categorical_accuracy'],label='train_acc')
plt.plot(history.epoch,history.history['val_sparse_categorical_accuracy'],label='test_acc')
plt.legend()
plt.xlabel('Epoch')
plt.ylabel('Accuracy')
plt.title('The accuracy curve of Model_12')

plt.show()
```

绘图代码最后需添加show函数，否则将无法显示绘制的图像。训练过程主要针对以图像作为输入的网络，即第一阶段的三个模型。

Model_11的四个输出参数的训练曲线，如图11.11所示。从曲线可以看出在大约第三个循环，损失值迅速下降，并在其后保持平稳，无明显波动，并且损失均接近于零，说明模型的预测效果良好，预测结果与标签数据非常接近。此外，训练曲线与测试曲线非常贴近，说明模型不存在过拟合和欠拟合的情况。

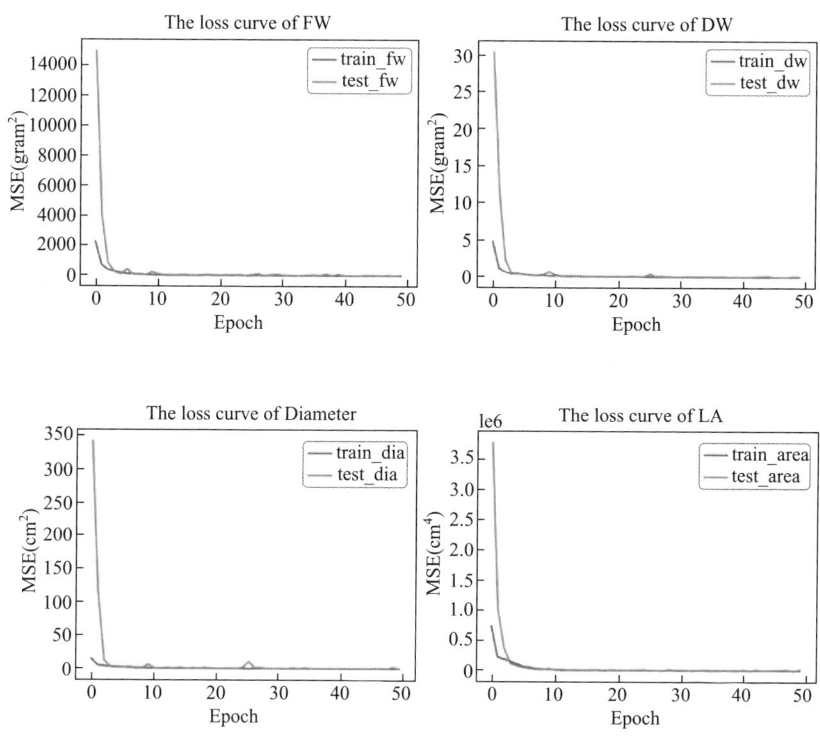

图11.11　Model_11的四个输出参数的训练曲线

Model_13的生菜高度的训练曲线，如图11.12所示。该曲线在约第10个循环后，训练结果逐渐趋于稳定，曲线无剧烈波动，并且损失值接近于零，说明模型对生菜的高度预测非常准确。此外验证曲线与训练曲线非常贴近，说明该模型也不存在过拟合现象。

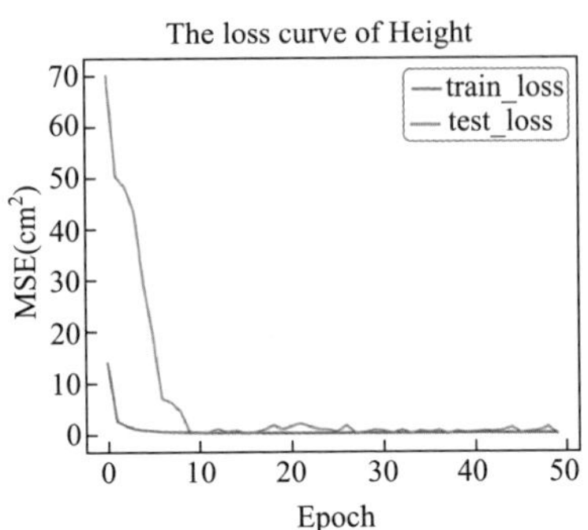

图11.12　Model_13的生菜高度的训练曲线

Model_12的生菜类别的训练曲线，如图11.13所示。由于该模型为分类模型因此添加了准确率的曲线，从曲线中可以看出训练曲线在第20个循环前存在较剧烈的波动，但在其后曲线较平稳，损失值非常接近于零，并且准确率在40个循环后基本达到了100%，训练效果表现良好。

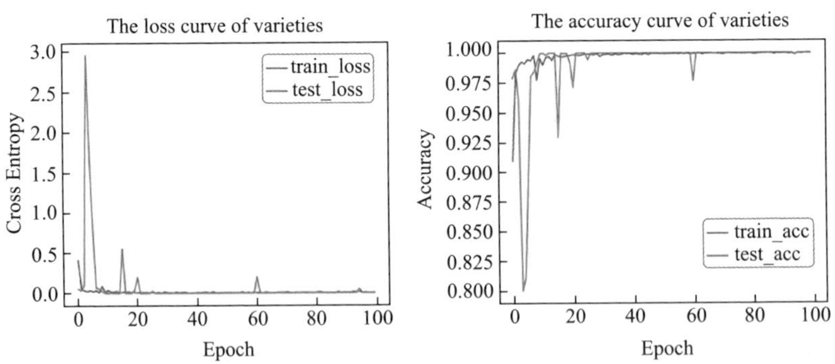

图11.13　Model_12的生菜类别的训练曲线

11.7 模型评估

11.7.1 评估指标

尽管训练曲线展现出良好的性能，但是对于TMSCNet整体网络最终的五个生菜性状的估计效果需要在新的测试集上进行评价。

生菜参数的数值估计是回归任务，因此需要使用回归指标进行评价。在本节中使用标准均方根误差检验值（*NRMSE*）、决定系数(R^2)和归一化均方误差（*NMSE*）进行多维评价，其计算公式如式（11-3）所示。

$$
\begin{aligned}
NRMSE &= \frac{\sqrt{\sum_{i=0}^{n}(y_i - \hat{y}_i)^2}}{\sqrt{\sum_{i=0}^{n} {y_i}^2}} \\
R^2 &= 1 - \frac{\sum_{i=0}^{n}(y_i - \hat{y}_i)^2}{\sum_{i=0}^{n}(y_i - \overline{y}_i)^2} \\
NMSE &= \sum_{j=0}^{m} \frac{\sum_{i=0}^{n}(y_{ij} - \hat{y}_{ij})^2}{\sum_{i=0}^{n} {y_{ij}}^2}
\end{aligned}
\tag{11-3}
$$

式中，*NRMSE*是五个生菜性状的综合评价指标，其他两个指标为单一生菜性状的评价指标；$\hat{y}_i$表示网络的估计结果；y_i表示标签值；$\overline{y}_i$表示标签值的平均值。

11.7.2 评估结果

在评估指标确定的基础上，通过包含50个数据的测试集对训练好的模型进行结果预测和模型评估。

TMSCNet在测试集上的预测结果如图11.14所示。图像共包含5张子图，每张子图表示一个生菜性状，每张子图中横坐标表示标签值，纵坐

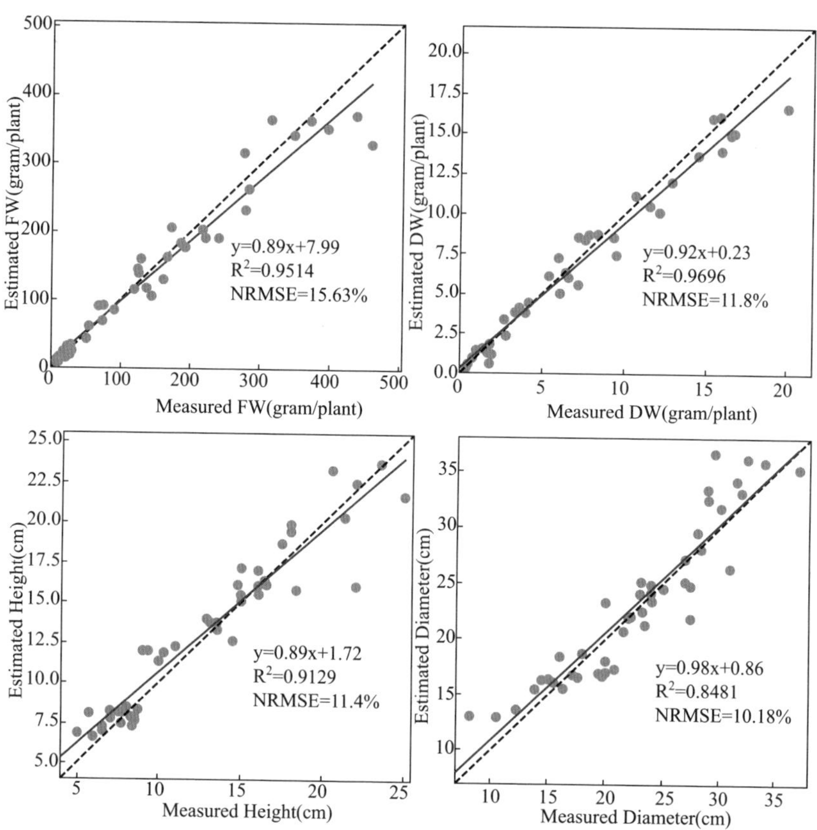

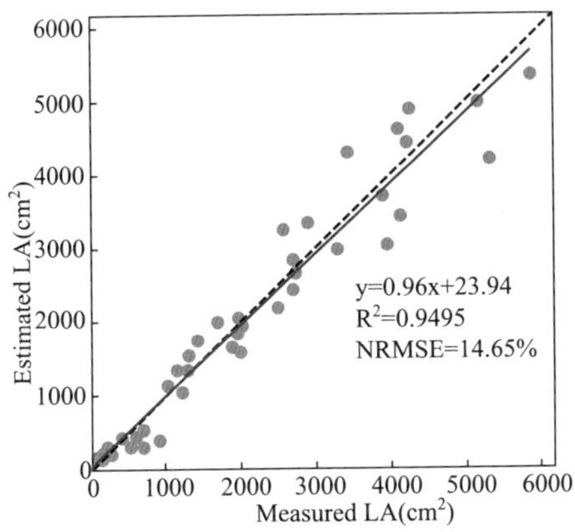

图11.14　TMSCNet在测试集上的预测结果

标表示模型评估值，橘色的点表示每张图像对应的评估结果，图中绘制了一条虚线表征的对角线，当评估值与标签值越接近时，点就会越集中于对角线。玫红色的直线表示评估值的最小二乘拟合直线。从图中可以看出，估计值的坐标点都集中在对角线附近，并且拟合直线靠近对角线，说明模型的评估结果与标签数据非常接近，直观展示了所提出的方法具有良好的生菜性状估计能力。

多分支自校正网络与单个模型的预测结果的对比曲线如图11.15所示。图中展示的单个模型即是值TMSCNet的Model_11和Model_13，因为它们可以通过输入图像获取到生菜性状。其中，干重的计算仅在第一阶段执行，因此该子图无对比曲线。而高度的估计处有三处对比，分别指用RGB图像估计高度、用深度图估计高度和用多分支网络预测高度。从图形中可以看出TMSCNet的值及拟合曲线基本更靠近对角线。

为了进一步说明所提出的网络相比于一些经典的卷积神经网络更

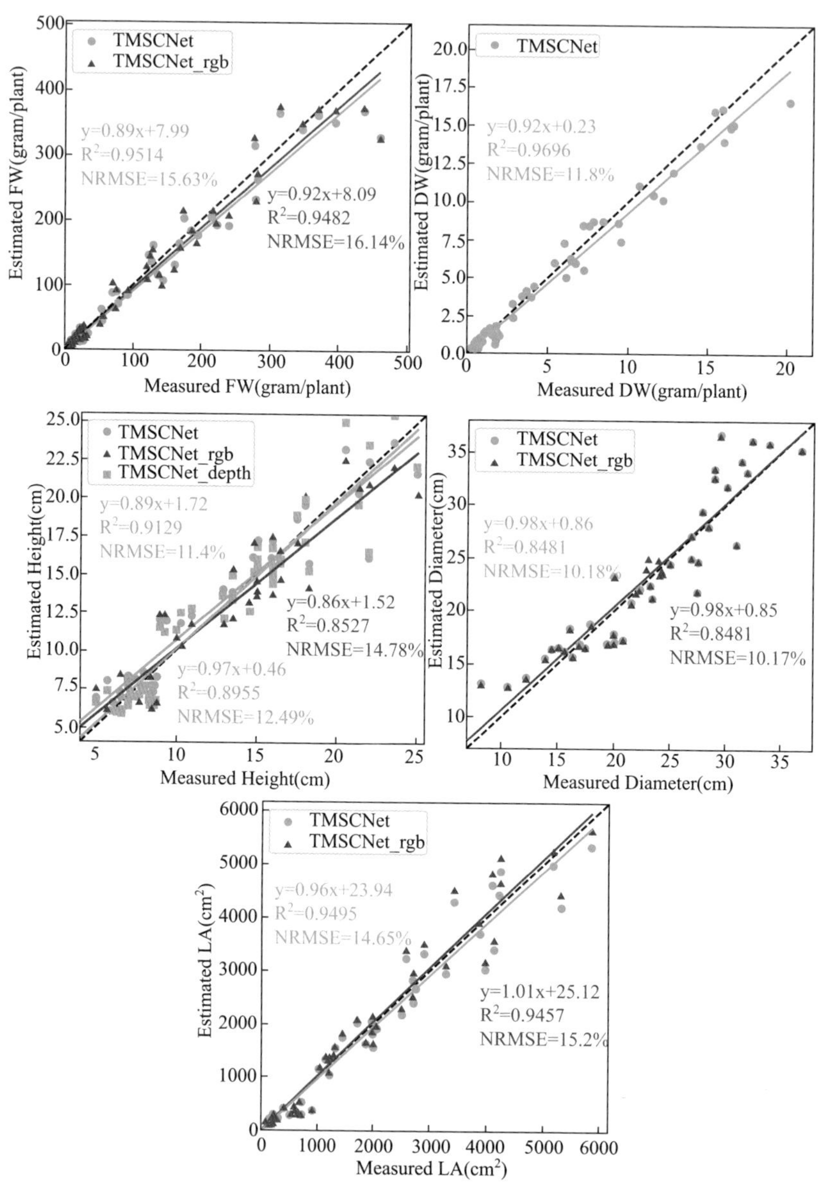

图11.15 TMSCNet与使用单个模型估计生菜性状的结果比较

适合于生菜的性状估计，因此继续开展TMSCNet与经典卷积神经网络对生菜性状的估计结果的对比实验。这里选用的用于做比较的网络有VGG16、Xception、ResNet50和DenseNet121，这些网络都是经典的具有代表性的卷积神经网络。为保证可比性，输入数据和训练参数设置与TMSCNet基本相同。

TMSCNet与经典卷积神经网络评估对比曲线，如图11.16所示。曲线是由评估结果连接而成，其中深蓝色的曲线表示标签值，因此当网络的预测曲线越接近于该曲线，说明其评估效果越好。从曲线中大致可以看出，由红色曲线表示的TMSCNet的评估结果，相比于其他模型更接近

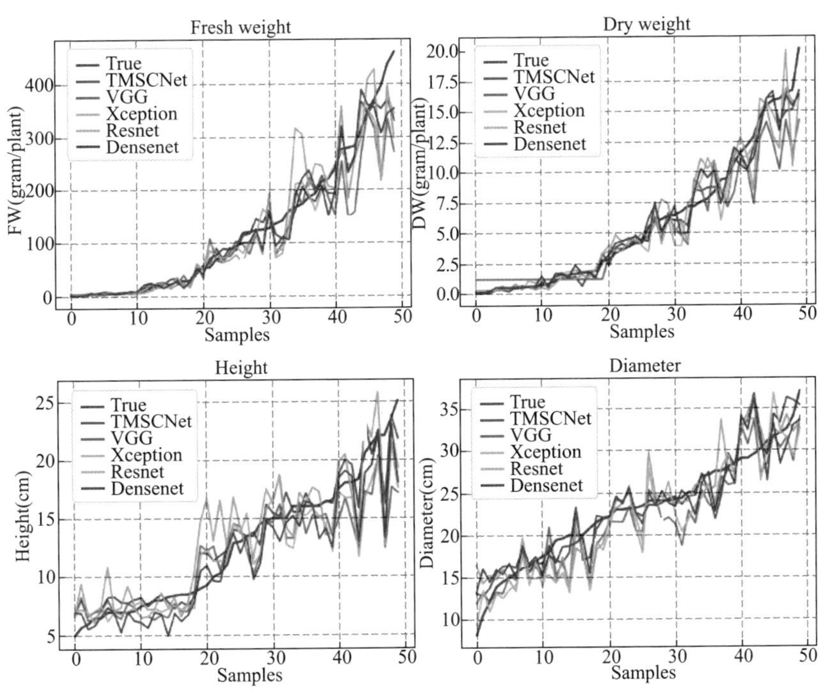

图11.16

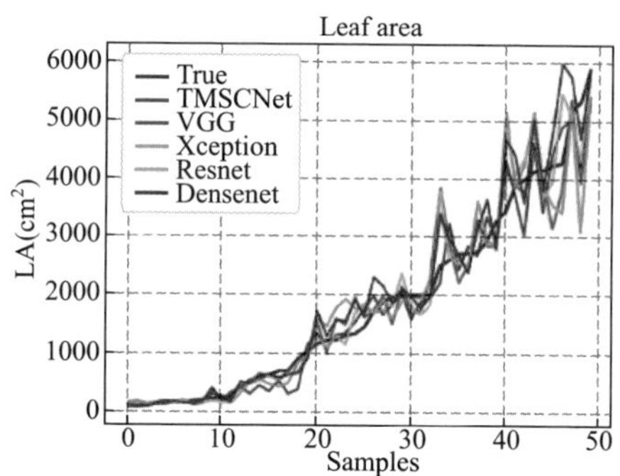

图11.16　TMSCNet与经典卷积神经网络在测试集上的生菜性状估计结果曲线

于标签值。

表11.6详细展示了各个模型的评估结果，更加能够清楚地展示各个生菜性状的评估结果，R^2值越大效果越好，*NRMSE*越小效果越好。从表中可看到TMSCNet对鲜重、干重、高度、叶面积的预测均优于其他模型，直径略低于DenseNet121的结果。

表11.6　不同经典卷积网络和TMSCNet估计的生菜性状的R^2值和*NRMSE*值

方法	鲜重（FW）		干重（DW）		高度（H）	
	R^2	*NRMSE*	R^2	*NRMSE*	R^2	*NRMSE*
VGG16	0.8208	30.02%	0.8621	25.15%	0.7265	20.20%
Xception	0.8135	30.63%	0.8875	22.71%	0.6824	21.77%
Resnet50	0.9123	21.01%	0.9433	16.13%	0.7791	18.16%
Densenet121	0.9243	19.52%	0.9540	14.53%	0.8055	17.04%
TMSCNet	**0.9514**	**15.63%**	**0.9696**	**11.80%**	**0.9129**	**11.40%**

续表

方法	直径（D）		叶面积（LA）	
	R^2	*NRMSE*	R^2	*NRMSE*
VGG16	0.7928	11.88%	0.9333	16.85%
Xception	0.7275	13.63%	0.8894	21.69%
Resnet50	0.7693	12.54%	0.9329	16.89%
Densenet121	0.8498	10.12%	0.9188	18.59%
TMSCNet	**0.8481**	**10.18%**	**0.9495**	**14.65%**

为了进一步评估所提出网络的综合评估效果，使用*NMSE*进行全部生菜性状的综合评估。表11.7展示了评估结果，TMSCNet_1是指5项输出的以RGB图像为输入的单模型网络，TMSCNet_2是指TMSCNet的两个主模型结果。从所提出的这三个网络可看出，用深度图预测生菜的高度，优于仅使用RGB图像估计生菜性状的效果。从多分支网络与这两个网络的比较结果可以看出，自校正的辅助模型确实起到了对评估结果的改善效果。而TMSCNet与其他经典卷积神经网络相比，综合评估结果具有明显的优势。

表11.7　不同经典卷积网络和TMSCNet估计的生菜性状的*NMSE*值

方法		*NMSE*
经典卷积网络	VGG16	0.2367
	Xception	0.2584
	Resnet50	0.1474
	Densenet121	0.1330
所提出的网络	TMSCNet_1	0.0952
	TMSCNet_2	0.0896
	TMSCNet	0.0826

11.8 模型讨论

11.8.1 深度图像的数据处理方法讨论

在前述章节中对RGB图像的处理方法做了较详细的介绍，但对深度图像的处理并未加以说明。由于深度图像直观来看接近于纯黑色，因此不应像常规的图像处理方法一样去处理深度图像。在该节中，考虑了三种深度图像的处理方式，分别是取深度图从生成的点云中获取的前视图、灰度图和伪彩图。由于RGB图像也能用于估计生菜的高度，因此，一共提出了四种生菜高度估计的方案，如图11.17所示。

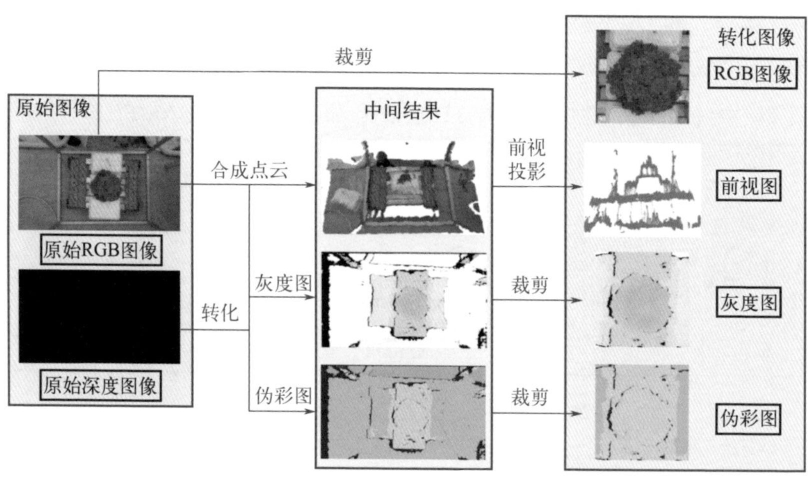

图11.17 四种生菜高度估计的数据输入方案

第一种方法是以RGB图像裁剪缩放后的图像作为输入。第二种方法是将RGB图像和深度图像合成点云后，进一步得到点云的前视图。第三种方法是借助OpenCV库，将深度图转化为能够分辨出场景信息的灰度图。第四种方法是将深度图转变为具有颜色信息的伪彩图，其中颜色的深浅反映了高度的变化。

为了选择效果最佳的方法，对以这四种方式输入的数据的生菜高度的评估效果进行训练，并在测试集上评估。

图11.18展示了四种方案在测试集上的生菜高度评估结果，从图中可以看出伪彩图方案的生菜高度评估结果最接近于估计值。表11.8中的详细数据进一步说明了这一结果。

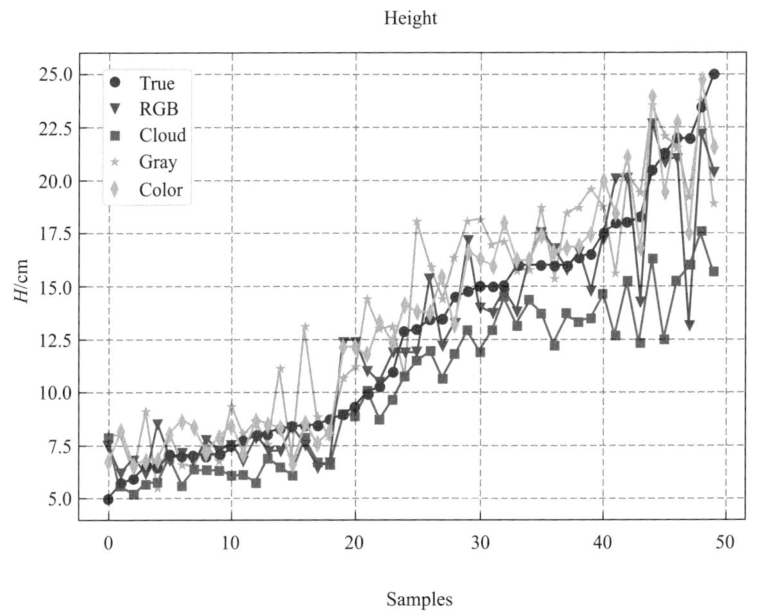

图11.18　四种方案在测试集上的生菜高度估计结果

表11.8　四种深度图预处理方法得到的高度的评估结果

生菜高度	方法	拟合方程	R^2	*NRMSE*
H	RGB	y=0.8613x+1.5161	0.8537	14.78%
	Depth_Front_view	y=0.6442x+2.2012	0.6337	23.38%
	Depth_grayscale	y=0.9164x+2.1408	0.8130	16.71%
	Depth_pseudo_color	y=0.9317x+1.6150	**0.8912**	**12.74%**

因此，在TMSCNet的设计阶段，确定将深度图转化为伪彩图的图像作为Model_13的输入。Model_13的其余数据处理过程与Model_11类似，仅多增加了一步伪彩图的转换步骤。

11.8.2 辅助模型的设计及选择

TMSCNet的第二和第三阶段的校正模型是以数组作为输入的网络，而以数组作为输入的问题也可以采用机器学习方法进行解决，因此为了确定校正模型是使用全连接网络还是经典的机器学习方法，开展了对比分析实验。

首先，以第三阶段模型为例，对各种机器学习方法进行训练和评估。

评估过程采用均方误差*MSE*指标，其计算公式如式（11-4）所示。

$$MSE=\frac{1}{n}\sum_{i=1}^{m}(y_i-\hat{y}_i)^2 \tag{11-4}$$

表11.9展示了不同机器学习方法在第三阶段模型上的评估结果，从表中可看出支持向量机方法（Support Vector Regressor）的表现最佳，因此，接下来将该方法与全连接网络（FCN）进行进一步的性能比较。

表11.9　第三阶段的不同机器学习算法的*MSE*值

序号	方法	*MSE*	
		鲜重（FW）	叶面积（LA）
1	Linear Regression	1187.5472	156874.7535
2	Decision Tree Regressor	1171.7190	706175.2030
3	Support Vector Regressor	656.8072	116738.7902
4	K Neighbors Regressor	1094.8050	123418.9811
5	Random Forest Regressor	842.7343	181768.7793
6	Adaboost Regressor	885.7827	199491.6020
7	Bagging Regressor	903.6413	210840.3104

筛选出的以支持向量机方法作为第二、第三阶段校正模型的方法和TMSCNet的比较，如图11.19所示。从图中可以较明显看出，以全连接网络作为校正模型网络的方式，生菜的高和直径的评估效果优于前者。因此，TMSCNet选择以全连接网络作为第二、第三阶段的校正网络模型。

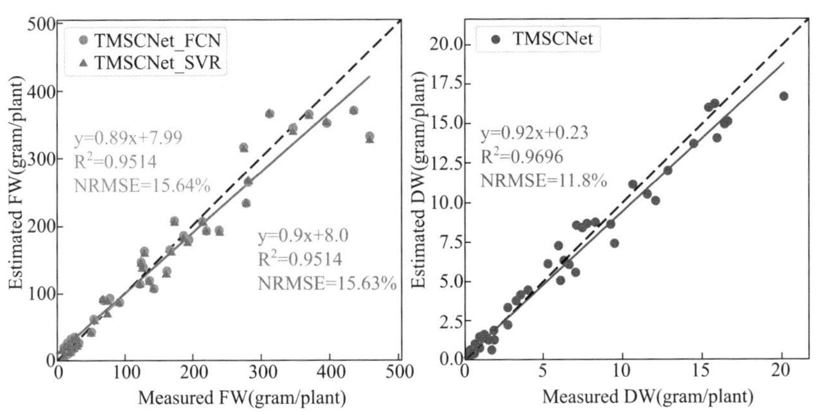

图11.19

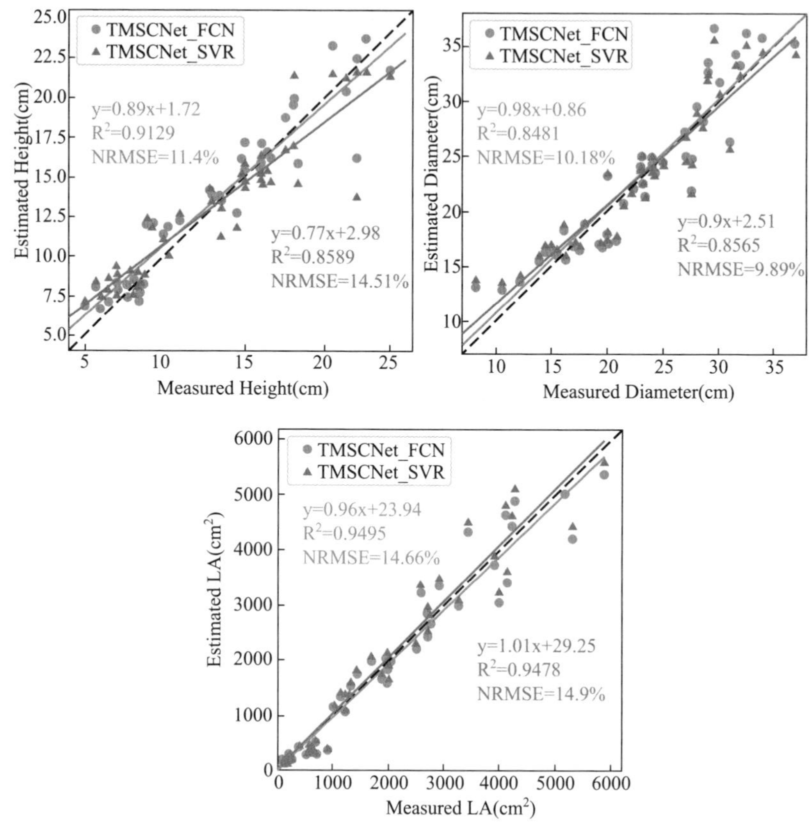

图11.19 校正网络模型的不同方法在测试集上的性能比较

11.8.3 高通量情形下的生菜性状估计思路设计

由于在图像采集过程中，相机通常会悬挂在大棚高处拍摄密集种植的生菜种植田地，因此在网络的实际应用中，采集的图像通常会是高通量的情形，因此在TMSCNet继续提出针对高通量情形的生菜性状估计方法。

高通量情形下的生菜性状估计思路，如图11.20所示。首先，拍摄大量高通量生菜图像，接着利用目标检测网络，如YOLOv3，检测出场景中各个生菜的位置；然后，根据检测出的生菜的位置，用同一尺寸的裁剪框将图像裁剪成若干仅包含单个生菜的图像，进而构建出新的数据集；最后，将新的数据送入TMSCNet中评估生菜的5项性状值。

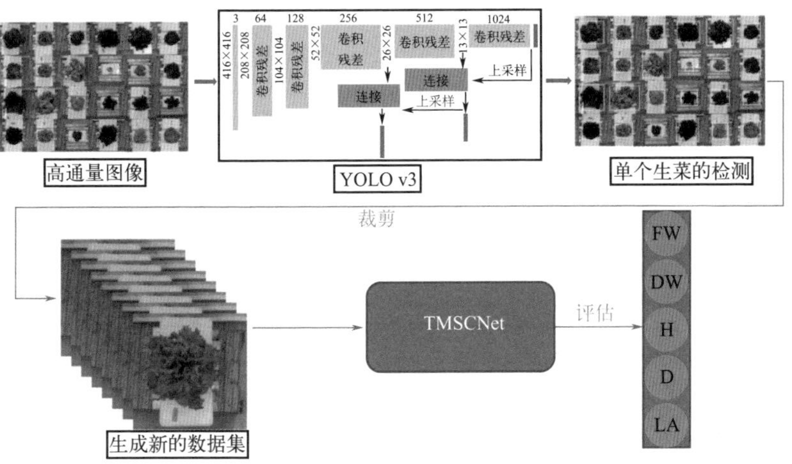

图11.20 高通量情形下的生菜性状检测思路

该研究中的思路和方法也可以拓展至其他作物的性状估计中。

本章参考文献

[1] Adhikari N D, Simko I, Mou B. Phenomic and Physiological Analysis of Salinity Effects on Lettuce[J].Sensors,2019, 19(21): 4814.

[2] Zhang L, Xu Z, Xu D, et al. Growth Monitoring of Greenhouse Lettuce based on A Convolutional Neural Network[J]. Horticulture Research, 2020, 7.

[3] Chen D, Shi R, Pape JM, et al. Predicting Plant Biomass Accumulation from Image-

Derived Parameters[J]. GigaScience, 2018, 7(2).

[4] Dos S F A, Matte F D, Gonçalves D S G, et al. Weed Detection in Soybean Crops Using ConvNets[J]. Computers and Electronics in Agriculture, 2017, 143: 314-324.

[5] Karen S, Andrew Z, Very Deep Convolutional Networks for Large-Scale Image Recognition[J]. Computer Science,2014.

[6] Chollet F. Xception: Deep Learning with Depthwise Separable Convolutions[C]. 2017 IEEE Conference on Computer Vision and Pattern Recognition (CVPR), 2017: 1800-1807.

[7] He K, Zhang X, Ren S, et al. Deep Residual Learning for Image Recognition[C]. 2016 IEEE Conference on Computer Vision and Pattern Recognition (CVPR), 2016: 770-778.

[8] Huang G, Liu Z, Maaten L V D, et al. Densely Connected Convolutional Networks[C]. 2017 IEEE Conference on Computer Vision and Pattern Recognition (CVPR), 2017: 2261-2269.